浙江海岛植物原色图谱

蒋 明 柯世省 主编

ZHEJIANG UNIVERSITY PRESS
浙江大学出版社

图书在版编目（CIP）数据

浙江海岛植物原色图谱 / 蒋明，柯世省主编. —杭州：浙江大学出版社，2019.12
ISBN 978-7-308-19816-5

Ⅰ. ①浙… Ⅱ. ①蒋… ②柯… Ⅲ. ①海岛－植物－浙江－图谱 Ⅳ. ①Q948.525.5-64

中国版本图书馆CIP数据核字（2019）第273649号

浙江海岛植物原色图谱
蒋 明 柯世省 主编

责任编辑 秦 瑕
责任校对 王安安
封面设计 春天书装
出版发行 浙江大学出版社
（杭州市天目山路148号 邮政编码310007）
（网址：http://www.zjupress.com）
排 版 杭州兴邦电子印务有限公司
印 刷 绍兴市越生彩印有限公司
开 本 787mm×1092mm 1/16
印 张 23.25
字 数 227千
版 印 次 2019年12月第1版 2019年12月第1次印刷
书 号 ISBN 978-7-308-19816-5
定 价 168.00元

浙江大学出版社市场运营中心电话（0571）88925591；http://zjdxcbs.tmall.com

前 言

PREFACE

我从小就喜欢植物，每次和小伙伴到附近的田野、溪边或小山坡玩耍，总会被各种各样叫不上名字的野生植物所吸引；与父母一起到田里劳作，他们总会告诉我一些植物的名字和用途。那些年，石蒜（*Lycoris radiata*（L' Her.）Herb.）、香港远志（*Polygala hongkongensis* Hemsl.）、络石（*Trachelospermum jasminoides*（Lindl.）Lem.）、野慈姑（*Sagittaria trifolia* L.）、荇菜（*Nymphoides peltata*（S. G. Gmelin）Kuntze）、绵枣儿（*Barnardia japonica*（Thunberg）Schultes & J. H. Schultes）和紫花地丁（*Viola philippica* Cav.）等是老屋天井里的常客，不大的天井里，总是被它们挤得满满当当的。家里屈指可数的图书中，几本中草药图谱是我学习植物的启蒙材料，也是童年时期一份美好的回忆。

后来到浙江农业大学求学，“植物学”成了我最喜欢的一门课程。华家池校区周边，学校植物园、农场及杭州植物园则成了我最喜欢光顾的地方。华家池校区边上的诸葛菜（*Orychophragmus violaceus*（Linnaeus）O. E. Schulz）、学校植物园里的木香花（*Rosa banksiae* Ait.）、农场里的各种作物以及杭州植物园里的常春油麻藤（*Mucuna sempervirens* Hemsl.）总让我百看不厌。我断断续续地在华家池待了近9年，在完成学业的同时，也熟知了那里的一草一木。离校多年后，有人问我华家池校区哪里有白接骨（*Asystasiella neesiana*（Wall.）Nees），我依旧能够准确地告诉他这种植物的栽植位置。

浙江海岛很多，它们大多分布在近岸浅海区，为雁荡山、天台山山脉延伸入海部分。受海陆气候的共同影响，海岛具典型的亚热带季风性湿润气候特点。独特的地理和气候条件造就了简单、特色鲜明的植被类型，其中不乏具观赏、药用、食用和科研价值的海岛植物。

与海岛植物结缘，是在2008年的暑假。我到大陈岛游玩，见到了很多未曾谋面的植物，如芙蓉菊（*Crossostephium chinense*（Linnaeus）Makino）、山菅（*Dianella ensifolia*（L.）Redouté）、大吴风草（*Farfugium japonicum*（L. f.）Kitam.）和滨海珍珠菜（*Lysimachia mauritiana* Lam.）等，从此与海岛植物结下了不解之缘。十多年来，我去过浙江的80多个有居民海岛和20多个无人岛，见到了普陀鹅耳枥（*Carpinus putoensis* Cheng）、普陀南星（*Arisaema ringens*（Thunb.）Schott）、舟山新木姜子（*Neolitsea sericea*（Bl.）Koidz.）、日本荚蒾（*Viburnum japonicum*（Thunb.）C. K. Spreng.）、台湾相思（*Acacia confusa* Merr.）、风兰（*Neofinetia falcata*（Thunb. ex A. Murray）H. H. Hu）、海滨山黧豆（*Lathyrus japonicus* Willd.）和台湾佛甲草（*Sedum formosanum* N. E. Brown）等平时难得一见的野生植物，对它们的形

态特征和分布有了一定的了解。

本书收录71科170种植物，简单描述了它们的主要特征、分布和用途。在成书过程中，得到多人的帮助和支持。在此诚挚感谢参与海岛植物调查的鲍洪华、李嵘嵘、陈征燕、杨永建、管铭、陈贝贝、朱欣、应梦豪、杨如棉、戴晨宇、马佳莹、邬菲帆、王佳怡、邬张颖、徐鹏杰、徐丽娜、陈明辉、李彦蓉和李景会等；感谢丁炳扬教授和吴棣飞高级工程师等在物种鉴定上给予的帮助；感谢王军峰、鲍洪华和吴棣飞提供部分照片。特别感谢椒江旅游集团提供大陈岛野生植物调查的部分经费；感谢工作单位台州学院为本书出版提供资助。

编者专业水平所限，书中可能出现一些错误、疏漏和不足，敬请广大读者批评指正。

蒋　明

2019年9月19日

目　录

CONTENTS

写在前面

浙江省拥有6000多公里的海岸线和26万平方公里的海域，分布着大大小小4000多座海岛。浙江的这些海岛处于亚热带海洋性季风气候区，季风特征十分显著，一年中四季分明，光照充足、雨量充沛，但有较多的灾害天气。岛屿的土壤以红壤、粗骨土和滨海盐土为主，成土年龄短，土层浅薄，土壤贫瘠。独特的气候条件和地理环境造就了与众不同的植被分布方式。浙江海岛的植被较为单一，植物种类较少，植株相对矮小，植物的地域性明显。

本书共收录了71科170种植物。每种植物的内容包括文字和图片两大部分，其中文字部分有中文名称、拉丁学名、科名、属名、形态特征、生境及用途等。书中植物的中文名称、拉丁学名、科名、属名及形态特征主要参考*Flora of China*、《中国植物志》、《浙江种子植物检索鉴定手册》和《浙江植物志》等图书，并结合新近发表的文献资料进行了核对和考证。但因篇幅受限，还有一些植物未能收录。

白花丹科 Plumbaginaceae

补血草

拉丁学名：*Limonium sinense* (Girard) Kuntze

科名：白花丹科（Plumbaginaceae）　　属名：补血草属

多年生草本，高15～60cm。直根粗壮，少分枝，棕红色。叶基生，呈莲座状；叶片倒卵状长圆形、长圆状披针形或倒卵状披针形，长4～13cm，宽0.3～3cm，先端通常圆钝或急尖，全缘。花序腋生，伞房状或圆锥状，花序轴具棱角或沟棱，末级小枝二棱形；花序由2～6个小穗组成，每个小穗含2～3朵花；萼筒漏斗状，长5～7mm，直径约1mm，萼檐白色，宽2～2.5mm，幅径3.5～4.5mm；花冠黄色，裂片5枚，雄蕊5枚，花柱常离生，5枚。蒴果圆柱形，长约3mm。花果期4—12月。

生于沿海潮湿盐土、砂土或峭壁。

根或全草可药用，有收敛、祛湿、止血、清热和利水等功效。

百合科 Liliaceae

菝 葜

拉丁学名：*Smilax china* L.

科名：百合科（Liliaceae）　属名：菝葜属

攀援灌木；根状茎粗壮，坚硬，块状。茎长1～4m，木质，具疏刺。单叶互生，薄革质到厚纸质，圆形、卵形或椭圆形，长3～10cm，宽1.5～8cm，叶背淡绿色或苍白色，具3～5条主脉；叶柄长0.5～2.5cm，具卷须，鞘线状披针形或披针形。花序腋生，伞形，呈球状，着生十几朵及以上小花；花黄绿色，雄花的花药比花丝稍宽，常弯曲，6枚；雌花中有6枚退化雄蕊和1枚雌蕊。浆果直径0.6～1.5cm，成熟时红色；种子近球形，褐黑色。花期4—6月，果期6—11月。

生于林下、灌丛、路旁或山坡。

根状茎可药用，具有清热、利湿和解毒等功效。根状茎用于提取淀粉和栲胶，也可用作酿酒原料。

卷 丹

拉丁学名：*Lilium lancifolium* Thunb.

科名：百合科（Liliaceae）　　属名：百合属

鳞茎扁球形，直径2～8cm；鳞片白色或淡黄白色，宽卵形，长2.5～3cm，宽1.4～2.5cm。茎高0.8～1.5m，具紫色条纹，被白绵毛。叶互生，叶腋常萌生珠芽，紫黑色；叶片长圆状披针形或披针形，长5～25cm，宽0.5～2cm，边缘具乳头状突起。总状花序，顶生，小花3～10朵；苞片叶状，卵状披针形，具白绵毛；花下垂，橙红色，花被片反卷，散生紫黑色斑点；雄蕊6枚，花丝长5～7cm，浅红色，花药矩圆形，长约2cm；子房圆柱形，长1.5～2cm，直径2～3mm；柱头稍膨大，3裂。蒴果狭长卵形，长3～4cm。花期6—8月，果期7—10月。

生于灌丛、草地、山坡或岩石缝隙。

鳞茎可食用和药用；花可提取香料。叶色碧绿，花朵硕大，可用作观赏。

薤 白

拉丁学名：*Allium macrostemon* Bunge

科名：百合科（Liliaceae）　属名：葱属

鳞茎近圆球形，直径0.5～1.5cm，基部常具小鳞茎；鳞茎外皮带黑色，纸质或膜质，不破裂，易脱落。叶3～5枚，无叶柄；叶片半圆柱状或三棱状线形，中空，具沟槽。花葶圆柱状，高30～70cm；总苞2裂，比花序短；伞形花序半球形至球形，具多而密集的花或珠芽，有时全为珠芽，珠芽暗紫色，基部具苞片；小花梗近等长，长7～12cm；花色淡紫或淡红；花被片基部合生，矩圆状卵形至矩圆状披针形，长3～5.5mm，宽1～2mm；子房近圆球形，腹缝线基部具有帘的凹陷蜜穴。花期5—6月，果期6—7月。

生于低海拔山坡、林下、草地、路旁或岩石裂隙。

鳞茎供药用，有理气、散结、宽胸和祛痰等功效。鳞茎和叶片可作蔬菜食用。

绵枣儿

拉丁学名：*Scilla scilloides* (Lindl.) Druce

科名：百合科（Liliaceae）　属名：绵枣儿属

鳞茎卵形或近圆球形，直径1～3cm，鳞茎外皮黑褐色或褐色。叶片基生，2～5枚，倒披针形，长4～15cm，宽4～9mm，先端急尖。花序总状，花葶高15～40cm，具多数花；花色紫红、粉红或白；花被片近长圆形、倒卵披针形或狭椭圆形，长2～4mm，宽约1mm，基部稍合生；雄蕊生于花被片基部，稍短于花被片；子房长1.5～2mm，具短柄，表面有小乳突。蒴果倒卵形，内有种子1～3颗，成熟时黑色。花果期9—10月。

生于岩石缝隙、灌丛、山坡、草地或林下。

鳞茎具一定的药用价值，具活血、消肿、止痛和解毒功效。鳞茎可食用，也可用于酿酒。

山　菅

拉丁学名：*Dianella ensifolia* (L.) DC.

科名：百合科（Liliaceae）　　属名：山菅属

多年生草本植物，具圆柱状根状茎，直径约8mm。叶片革质，线状披针形或狭条状披针形，长30～80cm，宽1～2.5cm。花序圆锥状，花梗长10～50cm，小花序总状，散生；花常多朵生于侧枝上端；花被片6枚，长圆状披针形至条状披针形，长6～7mm，宽2～3mm；花药条形，长3～4mm，花丝上部膨大。浆果近圆球形，幼时绿色，成熟时深蓝色或蓝紫色，直径4～6mm，内有种子5～6粒。花果期6—9月。

生于林下、山坡、草丛或石缝。

植株有毒。根状茎可药用，具有消肿、解毒的功效。具有一定的观赏价值，可用于花坛美化和假山点缀。

报春花科 Primulaceae

蓝花琉璃繁缕

拉丁学名：*Anagallis arvensis* L. f. *coerulea* (Schreb.) Baumg

科名：报春花科（Primulaceae） 属名：琉璃繁缕属

一年或二年生草本，植株高15～40cm。茎四棱形，边缘狭翅状，主茎不明显，分枝较多。叶交互对生或3枚轮生，叶无柄，长0.5～2.5cm，宽0.3～1.5cm，卵圆形至狭卵形，全缘，无柄。花单朵腋生；花梗长2～3cm；花萼长3.5～6mm，深裂，裂片线状披针形；花冠辐状，长4～6mm，浅蓝色至蓝紫色，裂片倒卵形；花丝具柔毛，基部连合。蒴果球形，直径2～3mm。花果期3—5月。

生于路边、山坡、田边及荒地。

全草有毒；花形优美，色彩艳丽，具有一定的观赏价值。

滨海珍珠菜

拉丁学名：*Lysimachia mauritiana* Lam.

科名：报春花科（Primulaceae）　属名：珍珠菜属

二年生草本，高10～50cm。茎直立，簇生，基部木质化，上部多分枝，具沟纹。基生叶莲座状，叶片匙形，长4～5cm，宽1.5～2cm；叶互生，有光泽，散生黑色颗粒状腺点；下部叶片匙形或倒卵状至倒卵状长圆形，上部叶片椭圆形，长1.5～4cm，宽0.5～2cm。花序总状，顶生，初时密集，后逐渐伸长成圆锥状；苞片叶片，匙形；花萼长4～7mm，深裂至近基部，裂片广披针形至椭圆形，具黑色粒状腺点；花冠白色，长8～9mm，裂片舌状长圆形；花药长圆形，长约1.2mm。蒴果梨形或卵形，直径4～5mm。花期4—5月，果期6—8月。

生于林下、岩石缝、沙滩或荒地。

滨海珍珠菜具有一定的观赏价值，可用于片植或盆栽。

疏节过路黄

拉丁学名：*Lysimachia remota* Petitm.

科名：报春花科（Primulaceae）　属名：珍珠菜属

多年生草本，高10～40cm；茎直立或膝曲直立，圆柱形，被淡褐色卷曲柔毛和稀疏无柄腺体；主茎不明显，上部多分枝，有时自基部分枝。叶对生，纸质，茎端叶有时互生并聚集；叶片阔卵形至卵状椭圆形，长1.5～3.5cm，宽0.5～2cm，两面密被柔毛和红色腺点。花单生于叶腋或聚生于顶端；花梗长8～20mm，果时下弯；花萼长6～7.5mm，深裂至近基部，裂片披针形，宽约1.5mm，先端渐尖，背面具柔毛和散生有腺点；花冠黄色，辐状，直径0.8～1.3cm，基部合生，裂片倒卵形，先端圆形；花药卵状长圆形，长约1.5mm；子房和花柱基部被毛，花柱长达3mm。蒴果成熟时褐色，直径3～4mm。花期4—5月，果期5—6月。

生于草丛、山坡或石缝。

花色艳丽，花期较长，具有较好的观赏价值。

柽柳科 Tamaricaceae

柽　柳

拉丁学名：*Tamarix chinensis* Lour.

科名：柽柳科（Tamaricaceae）　属名：柽柳属

乔木或灌木，高3～5m；老枝直立，暗褐红色或紫红色，嫩枝绿色，稠密纤细。叶鳞片状，长圆状披针形或长卵形，长1～3mm，先端尖，基部背面有龙骨状隆起。花序总状，单生于绿色或当年生枝条的顶端，柔弱下垂；萼片5枚，卵状三角形；花瓣5枚，倒卵状长圆形或倒卵形，粉红色；雄蕊5枚，长于或略长于花瓣；子房上位，圆锥状瓶形，花柱棍棒状，3枚。蒴果圆锥形，长约3.5mm。花果期5—6月和8—9月。

生于海滩、林缘和荒地，偶见于岩石缝隙。

枝叶可药用，有祛风、除湿和止痛功效。该植物还具有较好的观赏价值，可用于庭院绿化；枝条则可用于编织箩筐或制作农具。

唇形科 Labiatae

韩信草

拉丁学名：*Scutellaria indica* L.

科名：唇形科（Labiatae）　属名：黄芩属

多年生草本，直立或斜生，高10～40cm。茎四棱形，不分枝或多分枝，粗1～1.5mm，单一或丛生状，通常带暗紫色，被微柔毛。叶片心状卵圆形或圆状卵圆形至椭圆形，长1.5～3cm，宽1～2.5cm，先端钝或圆，基部圆形、浅心形至心形，边缘具圆锯齿，两面被微柔毛或糙伏毛。花序总状，顶生，小花对生，在枝顶形成长4～9cm的花序，常偏向一侧。花萼长2～2.5mm，果时达3～4mm。花冠蓝紫色，长1.5～2cm；花冠具深紫色斑点，两侧裂片卵圆形。二强雄蕊，花丝扁平，中部以下具小纤毛。子房光滑，4裂。成熟小坚果卵形或卵状三棱形，长1～1.5mm，具瘤状突起。花果期4—5月，果期5—9月。

生于林下、路旁、草地或沙滩周边。

全草可入药，具祛风、清热、解毒、活血和消肿等功效。

日本荠苎

拉丁学名：*Mosla japonica* (Benth.) Maxim.

科名：唇形科（Labiatae）　　属名：石荠苎属

一年生草本，高10～30cm。茎直立，四棱形，被短柔毛或长柔毛。单叶对生，纸质，叶片卵形或长圆状卵形，长1～3cm，宽0.5～1.5cm，先端钝或稍尖。总状花序，顶生；花萼钟形，萼齿5枚，近等长；苞片叶状，被长柔毛，宽卵形或近圆形；花冠粉红色，二唇形，具柔毛，下唇3裂。小坚果近球形。花期7—9月，果期9—11月。

生于草丛、路旁、林缘或山坡，常成片分布。

滨海白绒草

拉丁学名：*Leucas chinensis* (Retz) R. Br.

科名：唇形科（Labiatae） 属名：绣球防风属

灌木，高20～30cm。茎基部木质，枝条四棱形，略具沟槽，密生白色向上平伏绢状绒毛。叶无柄或近于无柄，卵圆状，长0.8～1.5cm，宽0.6～1cm，先端钝，基部宽楔形、圆形或近心形，纸质，基部以上具圆齿状锯齿，两面均被白色平伏绢状绒毛，侧脉2～3对。花序腋生，轮伞状，小花3～8朵，花冠密被平伏绢状绒毛；苞片线形，长2～3mm，密生平伏绢状绒毛；花萼管状钟形，长约5mm，外面密被绢状绒毛；花冠白色，长0.8～1.2cm，喉部稍膨大，长约7mm；雄蕊4枚，花丝丝状；花药卵圆形，2室。花期11—12月，果期12月。

生于海滨荒地、山坡和岩石缝隙。

叶色碧绿，花朵洁白，较耐阴，可用于片植或盆栽。

大风子科 Flacourtiaceae

柞　木

拉丁学名：*Xylosma congesta* (Loureiro) Merrill

科名：大风子科（Flacourtiaceae）　属名：柞木属

常绿大灌木或小乔木，高可达16m；幼枝、叶柄具柔毛。幼时无刺或有刺状短枝。叶片薄革质，雌雄株稍有区别，通常雌株的叶有变化，菱状椭圆形至卵状椭圆形，长4～8cm，宽2.5～3.5cm；叶柄短，长约2mm，有短毛。花小，总状花序腋生，长1～2cm，花梗极短，长约3mm；萼片4～6片，近圆形，长2.5～3.5mm；无花瓣；雄花有多数雄蕊，花丝较萼片长；子房椭圆形，无毛，长约4.5mm，1室。浆果黑色，球形，顶端有宿存花柱，直径4～5mm；种子2～3粒，卵形。花期9—10月，果期10—11月。

生于山坡、路旁或疏林下。

叶、刺、茎皮和根皮可供药用，具有清热、止血、消肿、利湿和止痛等功效。柞木的材质坚实、纹理细密，可制作农具和家具；另外，柞木还可用作观赏。

大戟科 Euphorbiaceae

乳浆大戟

拉丁学名：*Euphorbia esula* L.

科名：大戟科（Euphorbiaceae） 属名：大戟属

多年生草本，高15～60cm；根粗壮，常具纺锤状或球状块根；茎不分枝或分枝，常曲折，褐色或黑褐色。短枝或营养枝上的叶密集，叶片线形或线状披针形；长枝或生殖枝上的叶互生，叶片披针形或倒披针形，全缘无叶柄。多歧聚伞花序，顶生，总苞叶3～5枚，与茎生叶同形；苞叶2枚，常为肾形，少为卵形或三角状卵形，长4～12mm，宽4～10mm，先端渐尖或近圆，基部近平截。花序单生于二歧分枝的顶端，基部无柄；总苞钟状，高约3mm，直径2.5～3.0mm，边缘5裂；腺体4枚，位于裂片之间，新月形，两端具角，褐色。雄花多枚，苞片宽线形，无毛；雌花1枚，子房柄明显伸出总苞之外。蒴果卵球形，直径5～6mm。种子长圆状卵形，长2.5～3.0mm，直径2.0～2.5mm。花果期4—10月。

生于路旁、草丛、山坡、林下或草地。

全草入药，具利尿、消肿、拔毒和止痒功效。

倒卵叶算盘子

拉丁学名：*Glochidion obovatum* Sieb. et Zucc.

科名：大戟科（Euphorbiaceae）　　属名：算盘子属

灌木或小灌木，高可达2m。叶片革质，倒卵形至长圆状倒卵形或近椭圆形，长2.5～6cm，宽1.5～2.5cm，顶端钝或短渐尖，基部楔形；叶柄长1.5～2mm；托叶卵状三角形。花序聚伞状，腋生；雌雄异花，雄花花梗细长，6～9mm；萼片6枚，倒卵形；雄蕊3枚，合生；雌花花梗长3～6mm；萼片6枚，倒卵形；子房卵形，4～6室，无毛，花柱合生，顶端6裂。蒴果扁球状，直径0.8～1.2cm，通常无毛。

生于山坡、路旁或岩石缝隙。

倒卵叶算盘子四季常绿，果形奇特，具有较好的观赏价值，可用于园林绿化。

乌 桕

拉丁学名：*Sapium sebiferum* (L.) Roxb.

科名：大戟科（Euphorbiaceae）　　属名：乌桕属

落叶乔木，高可达15m；有乳汁；树皮暗灰色，有纵裂纹。叶纸质，互生，叶片菱形、菱状卵形或稀有菱状倒卵形，长3～8cm，宽3～9cm，顶端突尖或渐尖，全缘；中脉两面微凸起，侧脉6～10对；叶柄长2.5～6cm，顶端具2枚腺体。花序总状，顶生，雌花数量少，单生于花序基部苞片内，雄花生于花序轴上部，有时整个花序全为雄花。雄花花梗长1～3mm，苞片阔卵形，基部两侧各具一近肾形的腺体；花萼杯状，3浅裂，裂片钝，具不规则的细齿；雄蕊2枚，罕有3枚，伸出于花萼之外。雌花的花梗粗壮，长3～3.5mm，基部两侧具腺体；子房卵球形，3室，柱头外卷。蒴果木质，梨状球形，成熟时黑色。种子扁球形，黑色，外被白色、蜡质的假种皮。花期5—6月，果期8—10月。

生于山坡、疏林或路旁。

根皮和叶可药用，具消肿、解毒、利尿和杀虫等功效。树干材质坚硬、纹理致密，可用于制作家具、农具等。

石岩枫

拉丁学名：*Mallotus repandus* (Willd.) Muell. Arg.

科名：大戟科（Euphorbiaceae）　　属名：野桐属

攀缘状灌木，长可达13m；嫩枝、叶柄和花序等均密生黄色星状毛或柔毛；老枝无毛，常具皮孔。叶互生，纸质或膜质，叶片卵形、菱状卵形或椭圆状卵形，长3.5～10cm，宽2.5～5cm，先端急尖或渐尖，基部楔形或圆形，全缘或波状，两面无毛或被星状毛，下面散生黄色腺体。雄花序圆锥状，顶生，长5～15cm，花萼3裂，萼片长3～4mm；雌花序总状，顶生或腋生，花萼裂片5枚，卵状披针形，长约3.5mm，外面被绒毛，具腺体；柱头长约3mm，被星状毛，密生羽毛状突起。蒴果球形，直径约1cm，密生毛状物和颗粒状腺体；种子卵形，黑色。花期5—6月，果期6—8月。

生于疏林、山坡、林缘或岩石缝隙。

根、茎和叶入药，具祛湿、消肿和止痛等功效。茎皮富含韧皮纤维，可编制绳索、麻袋和麻布。

野梧桐

拉丁学名：*Mallotus japonicus* (Thunb.) Muell. Arg.

科名：大戟科（Euphorbiaceae）　属名：野桐属

小乔木或灌木，高2～4m。嫩枝、叶柄和花序具褐色星状毛或绒毛。叶互生，偶见对生；叶片纸质，卵形、宽卵形、卵圆形、卵状三角形或菱状卵形，长8～17cm，宽5～12cm，先端急尖、凸尖或急渐尖，基部圆形、楔形，稀心形，全缘或浅3裂，上面无毛，下面无毛或散生星状毛和红色腺点；侧脉5～7对，近叶柄具2个黑色圆形腺体。雌雄异株，花序总状，顶生；雄花有短花梗，长3～5mm；花萼3～4裂，外面密被星状毛和腺点；雄蕊多数；雌花序长8～15cm，花萼4～5裂，三角状披针形，长2.5～3mm，先端急尖，外被黑色星状毛或绒毛；子房近球形，三棱状；花柱3～4枚，中部以下合生，柱头具疣状突起，被星状毛。蒴果近扁球形或钝三棱形，密被星状毛，具红色腺点；种子近球形，直径约5mm，具皱纹。花期6—7月，果期8—9月。

生于林下、山坡或路边。

种子含油量高，可用作工业原料。野梧桐具一定的观赏价值，可用于庭院栽培或公园绿化。

豆科Leguminosae

海刀豆

拉丁学名：*Canavalia rosea* (Sw.) DC.

科名：豆科（Leguminosae）　　属名：海刀豆属

多年生草质藤本，长可达30m。茎粗壮，具稀疏微柔毛。羽状复叶，3小叶；托叶小，卵形，早落。小叶倒卵形、卵形、椭圆形或近圆形，长5～10cm，宽3～7cm，两面被长柔毛。花序总状，腋生，连总花梗长达30cm；花萼钟状，长约1cm，被短柔毛；花冠紫红色或粉红色，旗瓣圆形，长约2.5cm，翼瓣镰状长椭圆形，具耳，龙骨瓣长圆形，弯曲，具线形的耳；子房被绒毛。荚果线状长圆形，长5～6cm，宽2～3cm，顶端具喙尖；种子椭圆形，成熟种子的种皮褐色，种脐长约1cm。花期6—8月，果期8—10月。

生于路旁、山坡、疏林或灌丛。

海刀豆叶片硕大、花色艳丽、果形奇特，可用于棚架绿化或庭院栽培。

合　欢

拉丁学名：*Albizia julibrissin* Durazz.

科名：豆科（Leguminosae）　　属名：合欢属

落叶乔木，高可达16m；树皮灰褐色，嫩枝、花序和叶轴被绒毛或短柔毛。二回羽状复叶，总叶柄近基部及最顶端小叶基部各有1枚腺体，托叶线状披针形，早落。小叶10～30对，线形至长圆形，长6～13mm，宽1～4mm。花序头状，顶生或腋生，排列成圆锥花序；花冠淡粉红色；花萼管状，长3mm；花冠长8mm，裂片三角形，长1.5mm；花丝长2.5cm，基部合生，上部浅粉红色至淡红色。荚果带状，长8～17cm，宽1.5～2.5cm，幼时有柔毛，老时脱落。花期6—7月，果期8—10月。

生于山坡或林缘。

树皮可药用，具活络止痛、解郁安神和理气开胃的功效。合欢为速生树种，抗逆性强，可作为先锋植物；另外，合欢叶片昼开夜合、花形奇特，可用作观赏。

山　槐

拉丁学名：*Albizia kalkora* (Roxb.) Prain

科名：豆科（Leguminosae）　属名：合欢属

落叶乔木、小乔木或灌木，高可达15m；树皮深灰色，小枝暗褐色，具短柔毛。二回羽状复叶，叶柄长4.5～5.5cm，叶柄基部及羽片最先端小叶着生处各有1枚腺体；托叶线形，早落；小叶10～28，对生，长圆形或长圆状卵形，长2～4.5cm，宽7～20mm，全缘。花序头状，腋生或顶生，排列成圆锥花序；花冠白色，长6～8mm，中部以下合生；雄蕊花丝黄白色，偶见粉红色；花萼、花冠均密被长柔毛。荚果带状，长7～17cm，宽1.5～3cm，幼时密被短柔毛，老时脱落；种子4～12粒，长卵形。花期5—7月，果期8—10月。

生于山坡、灌丛、路旁或疏林。

山槐生长迅速，耐干旱及瘠薄，可用作园林绿化。

亮叶猴耳环

拉丁学名：*Pithecellobium lucidum* Benth.

科名：豆科（Leguminosae）　　属名：猴耳环属

常绿乔木，高2～10m；嫩枝、叶柄和花序被褐色短绒毛。二回羽状复叶，羽片1～2对；总叶柄近基部、每对羽片及小叶片下的叶轴上均有圆形而凹陷的腺体；小叶互生，斜卵形、长圆形或倒披针形，长2～10cm，宽2～4cm，两面无毛或仅在叶脉上有微毛，上面有光泽，叶色深绿。花序头状，具小花10～20朵，排成腋生或顶生的圆锥花序；花萼被褐色短绒毛；花冠白色，长4～5mm。荚果卷成环状，宽2～3cm，无毛；种子蓝黑色，长约1.5cm，宽约1cm。花期4—6月，果期7—12月。

生于疏林、密林、山坡或灌丛。

枝叶可入药，具有清热、解毒、去湿和敛疮等功效。亮叶猴耳环四季常绿，果形奇特，可用作观赏树种。

黄　檀

拉丁学名：*Dalbergia hupeana* Hance

科名：豆科（Leguminosae）　　属名：黄檀属

常绿乔木，高10～20m；树皮暗灰色，条片状开裂，易剥落。幼枝淡绿色，无毛，具皮孔。奇数羽状复叶，具小叶9～11枚；叶片近革质，椭圆形至长圆状椭圆形，长3～6cm，宽1.5～4cm，两面无毛，上面具光泽。圆锥花序，顶生或腋生，疏生锈色短柔毛；花梗长约5mm，疏生锈色柔毛；花萼钟状，长2～3mm，5齿裂，上方2枚阔圆形，几合生，侧方的卵形，最下1枚披针形；花冠黄白色或淡紫色，具紫色条纹，旗瓣圆形，翼瓣倒卵形，龙骨瓣关月形；雄蕊10，成二体（5+5）。荚果长圆形或阔舌状，长3～9cm；种子肾形，黑色，有光泽。花期5—7月，果期8—9月。

生于林缘、灌丛或山坡。

根皮可药用，具清热解毒、止血消肿等功效。黄檀材质致密，用途十分广泛。

黑　荆

拉丁学名：*Acacia mearnsii* De Wilde

科名：豆科（Leguminosae）　属名：金合欢属

常绿乔木，高9～15m；树皮红褐色，小枝灰绿色，具棱，被灰白色短绒毛。二回羽状复叶，嫩叶具金黄色短绒毛，羽片8～20对，长2～5cm，羽片着生处附近及叶轴的其他部位具腺体；小叶20～50对，线形。花序头状，排列成圆球形，直径6～7mm，在叶腋处排成总状花序或在枝顶排成圆锥花序；花序轴被黄色、稠密的短绒毛。花淡黄或白色；萼片5枚，草质。荚果长圆形，长5～8cm，宽4～6mm，成熟时黑色；种子椭圆形或卵圆形，黑色，具光泽。花期5—6月，果期7—8月。

生于疏林、山坡或林缘。

树皮单宁含量高，可用于染料工业；黑荆四季常绿，叶形奇特，可用作园林绿化树种。

台湾相思

拉丁学名：*Acacia confusa* Merr.

科名：豆科（Leguminosae）　属名：金合欢属

常绿乔木，高可达16m；树皮灰褐色，枝灰色或褐色。苗期为羽状复叶，后小叶退化，叶柄呈叶状，革质，披针形，长6～10cm，宽0.5～1.2cm，有时镰状弯曲，两面无毛，有明显的平行脉。花序头状，呈球形排列，1～3个腋生，花球直径约1cm；总花梗纤弱，长8～10mm；花冠淡绿色，花瓣倒披针形，长1.5～2mm，基部合生；雄蕊多数，金黄色；花柱长约4mm。荚果带状，扁平，长4～12cm，宽0.7～1cm；种子椭圆状卵形，扁平，长5～7mm。花期3—10月，果期8—12月。

生于林缘、疏林或山坡。

台湾相思生长迅速，耐干旱，是一种优良的造林树种，也可用于庭院绿化。

鹿　藿

拉丁学名：*Rhynchosia volubilis* Lour.

科名：豆科（Leguminosae）　　属名：鹿藿属

多年生缠绕草本，全株被灰色至淡黄色柔毛。三出羽状复叶，托叶小，条状披针形，不脱落，长3～5mm，被短柔毛；叶柄长2～6cm；小叶纸质，顶生小叶菱形或倒卵状菱形，长3～8cm，宽3～5.5cm，两面均被灰色或淡黄色柔毛，下面具黄褐色腺点。花序总状，长1.5～4cm，1～3个腋生；花萼钟状，长约5mm；花冠黄色，长7～8mm，各瓣近等长；雄蕊二体（9+1）；子房被毛及密集的小腺点。荚果长圆形，红褐色，长约1.5cm，宽7～8mm，先端有小喙；种子椭圆形或近肾形，黑色，有光泽。花期5—8月，果期9—12月。

生于山坡、路边、灌丛或草地。

根、叶和果实均可用于处方药，具祛风、镇咳、杀虫和解毒等功效。

海滨山黧豆

拉丁学名：*Lathyrus japonicus* Willd.

科名：豆科（Leguminosae）　　属名：山黧豆属

多年生草本，具横走根状茎。茎长15～60cm，常匍匐，无毛。托叶箭形，长1～2cm，宽0.6～1.5mm，网脉明显凸出，无毛；叶轴末端具卷须，单一或分枝；小叶3～5对，长椭圆形或长倒卵形，长25～33mm，宽11～18mm，先端圆或急尖，基部宽楔形，两面无毛。花序总状，有小花2～5朵；萼钟状，无毛；花冠紫色，长约2cm。荚果长4～6cm，宽0.5～1cm，幼时绿色，成熟时褐色，无毛或被稀疏柔毛。种子近球状，直径约4.5mm。花期5—7月，果期7—8月。

生于山坡、灌丛或沙滩。

海滨山黧豆具一定的观赏性，可用于盆栽或片植。

网络崖豆藤

拉丁学名：*Callerya reticulata* Bentham Schot

科名：豆科（Leguminosae）　　属名：崖豆藤属

木质藤本，长3～5m。小枝圆形，具细棱，具黄褐色细柔毛，后脱落。奇数羽状复叶，小叶7～9枚，卵状椭圆形、卵形或长卵形；叶柄无毛，长2～5cm；托叶钻形，长3～5mm；小叶细脉网状，两面均有明显的隆起；小叶柄长1～2mm，具毛；小托叶针刺状，长1～3mm，宿存。花序圆锥状，顶生或腋生，长10～20cm，常下垂，基部具分枝，花序轴被黄褐色柔毛；花密集，单生，苞片与托叶同形，早落；花萼阔钟状至杯状，几无毛；花冠紫色或玫红色；雄蕊二体，对旗瓣的1枚离生。荚果线形，长约15cm，宽1～1.5cm，果瓣近木质，薄而硬，内有种子3～6粒；种子长圆形，成熟时黑色。

生于疏林、山坡或灌丛。

藤和根具药用价值，有通经活络、养血祛风的功效。叶色碧绿、花色艳丽，具较好的观赏价值。

龙须藤

拉丁学名：*Bauhinia championii* (Benth.) Benth.

科名：豆科（Leguminosae）　　属名：羊蹄甲属

木质藤本，长可达10m，具卷须，单生或对生；嫩枝和花序具伏生的柔毛。单叶互生；叶片纸质，卵形、长卵形或心形，长5～10cm，宽4～7cm，先端锐渐尖、圆钝、微凹或2裂，上面无毛，下面具短柔毛，渐变无毛或近无毛；基出脉5～7条。花序总状，腋生，有时与叶对生或数个聚生于枝顶而成复总状花序，长7～20cm，被灰褐色小柔毛；花蕾椭圆形，长约3mm；花直径6～9mm；花冠白色，具瓣柄；可育雄蕊3枚，无毛，退化雄蕊2枚。荚果倒卵状长圆形或带状，扁平，长7～12cm，宽2.5～3cm，无毛，果瓣革质；种子卵圆形，扁平，黑褐色。花期6—10月，果期7—12月。

生于灌丛、山坡、疏林或路旁。

龙须藤具有一定的观赏价值，可用于棚架绿化。

云 实

拉丁学名：*Caesalpinia decapetala* (Roth) Alston

科名：豆科（Leguminosae）　　属名：云实属

落叶攀援灌木或藤本；树皮暗红色；枝、叶轴和花序密生柔毛和钩状刺。二回偶数羽状复叶，羽片3～10对，对生，具柄，基部有刺1对；小叶8～12对，膜质，长圆形，两面均被短柔毛，老时脱落；托叶小，斜卵形，先端渐尖，早落。花序总状，顶生，直立，长15～30cm；萼片5枚，长圆形，被短柔毛；花瓣黄色，膜质，圆形或倒卵形；雄蕊与花瓣近等长；子房无毛。荚果长圆形，长6～12cm，宽2.5～3cm，无毛，有光泽，幼时绿色，成熟时褐色；种子椭圆状，棕色。花期4—5月，果期9—10月。

生于林缘、灌丛和山坡等。

根、茎和果供药用，具发表散寒、活血通经、解毒杀虫等功效。云实有一定的观赏价值，可作绿篱或用作棚架绿化。

杜鹃花科 Ericaceae

南　烛

拉丁学名：*Vaccinium bracteatum* Thunb.

科名：杜鹃花科（Ericaceae）　　属名：越桔属

常绿灌木或小乔木，高可达8m；分枝众多，幼枝具短柔毛或无毛，老枝无毛。叶片薄革质，椭圆形、菱状椭圆形、披针状椭圆形至披针形，长4～8cm，宽2～4cm，两面无毛，有光泽。花序总状，顶生或腋生，花多数；苞片叶状，披针形，宿存或脱落；花冠白色，筒状，有时略呈坛状。果实为浆果，直径5～8mm，熟时紫黑色，外面通常被短柔毛，稀无毛。花期6—7月，果期8—10月。

生于路旁、灌丛或山坡。

根和叶可用作处方药，具强筋益气、止泄等功效。

果实可食；枝、叶榨汁浸米，是“乌饭”的原料。南烛新叶红色，红叶期长，可用作色叶树种。

椴树科 Tiliaceae

扁担杆

拉丁学名：*Grewia biloba* G. Don

科名：椴树科（Tiliaceae）　属名：扁担杆属

灌木或小乔木，高可达1～4m；嫩枝被黄褐色星状毛。叶薄革质，椭圆形或长菱状卵形，长4～10cm，宽2～4cm，先端锐尖，基部楔形或钝，两面有稀疏星状粗毛，基出脉3条，两侧脉上行过半，中脉有侧脉3～5对，边缘有细锯齿；叶柄长4～8mm，密被星状毛；托叶钻形或线形，长3～4mm。花序聚伞状，腋生，多花；花瓣黄绿色，雄蕊多数，长约2mm。核果幼时绿色，后变橙红色，成熟时暗红色，内有种子2～4粒。花期5—7月，果期6—9月。

生于山坡、灌丛或石缝。

扁担杆叶色碧绿，果形奇特，具有一定的观赏价值。

小花扁担杆

拉丁学名：*Grewia biloba* G. Don var. *parviflora* (Bge.) Hand.-Mazz.

科名：椴树科（Tiliaceae）　属名：扁担杆属

灌木或小乔木，高可达3m；幼枝被黄褐色星状毛。叶薄革质；叶片椭圆形或长菱状卵形，长3～8cm，宽2～4cm，基部楔形或钝，两面均有毛，下面密被黄褐色绒毛；基出脉3条，边缘有细锯齿；叶柄长4～8mm，密被星状毛；托叶钻形或线形，长3～4mm。花序聚伞状，腋生，多花；花瓣黄绿色，雄蕊多数，长约2mm。核果幼时绿色，成熟时暗红色，内有种子2～4粒。花期5—7月，果期6—9月。

生于山坡、灌丛或石缝。

富含韧皮纤维，可用于制作绳索或编织麻袋。

番杏科 Aizoaceae

番　杏

拉丁学名：*Tetragonia tetragonioides* (Pall.) Kuntze

科名：番杏科（Aizoaceae）　　属名：番杏属

一年生或二年生草本，肉质，高可达60cm；茎粗壮，从基部分枝，无毛；表皮细胞含针状结晶体，呈颗粒状凸起。叶片卵状菱形或卵状三角形，长4～10cm，宽3～5cm，边缘波状；叶柄宽大。花单生或2～3朵簇生叶腋；花梗长2mm；花被筒长2～3mm，裂片3～5枚，内面黄绿色；雄蕊4～13。坚果陀螺形，骨质，长约5mm，具4～5角，内有数粒种子。花果期8—10月。

生于山坡、海滩或路边。

全株入药，具清热解毒、祛风消肿等功效。番杏目前有部分为人工栽培，茎和叶可食用。

防己科 Menispermaceae

木防己

拉丁学名：*Cocculus orbiculatus* (L.) DC.

科名：防己科（Menispermaceae）　属名：木防己属

落叶木质缠绕藤本，长可达2m；小枝具绒毛或疏柔毛。叶互生；叶片纸质至近革质，线状披针形至阔卵状近圆形、狭椭圆形至近圆形、倒披针形至倒心形，有时卵状心形，有时3浅裂或5裂；叶柄长1～3cm，具白色柔毛。花序聚伞状圆锥花序，顶生或腋生，被柔毛；萼片、花瓣和雄蕊均为6，花瓣黄绿色。核果近球形，红色至紫红色，直径6～8mm；花期5—6月，果期7—9月。

生于路旁、灌丛、林缘或岩石缝隙。

根和茎供药用，有清热解毒、祛风止痛和利尿消肿等功效。

千金藤

拉丁学名：*Stephania japonica* (Thunb.) Miers

科名：防己科（Menispermaceae）　　属名：千金藤属

多年生木质缠绕藤本，全株无毛；具粗大块根。小枝细弱，表面具细纵条纹。叶草质或近纸质，三角状近圆形或三角状阔卵形，长4～12cm，先端有小凸尖，上面深绿色，下面粉白色，两面无毛；叶柄盾状着生，长5～8cm。花序复伞形聚伞状，腋生；花近无梗，雄花萼片6或8枚，膜质，倒卵状椭圆形至匙形，无毛；花瓣3或4枚，卵形，黄色，长0.8～1mm；雌花萼片和花瓣各3～4片，心皮卵状。果倒卵形至近圆形，直径6～8mm，成熟时红色；内果皮坚硬。

生于路旁、灌丛或石缝。

根可入药，具祛风活络、利尿消肿等功效。

海桐花科 Pittosporaceae

海　桐

拉丁学名：*Pittosporum tobira* (Thunb.) Ait.

科名：海桐花科（Pittosporaceae）　　属名：海桐花属

常绿灌木或小乔木，高可达6m；嫩枝被褐色柔毛，有皮孔。叶互生，常聚于枝顶，叶片革质，幼时有柔毛，后脱落，倒卵形或倒卵状披针形，长4～9cm，宽1.5～4cm，先端圆钝，全缘，略反卷。花序伞形或伞房状伞形，顶生或近顶生，密被黄褐色柔毛。花白色或黄绿色，后变黄色，花具芳香；萼片卵形，长3～4mm，被柔毛。子房长卵形，密被柔毛，侧膜胎座，胚珠多数。蒴果圆球形，有3棱，成熟时开裂，种子红色。

生于灌丛、路旁或山坡。

海桐四季常绿，花色洁白，果实开裂时露出红色种子，具有较好的观赏价值。

禾本科Gramineae

狗尾草

拉丁学名：*Setaria viridis* (L.) Beauv.

科名：禾本科（Gramineae）　　属名：狗尾草属

一年生草本，高10～120cm。叶鞘较松弛，无毛或疏具柔毛；叶舌短，具纤毛，长1～2mm；叶片扁平，长三角状狭披针形或线状披针形，先端长渐尖或渐尖，基部钝圆形，几呈截状或渐窄，长4～30cm，宽2～18mm。花序圆锥状，长2～15cm，宽0.5～1.2cm；刚毛多数，绿色、黄色或紫色；小穗2～5个簇生于主轴上，椭圆形，先端钝。颖果灰白色。花果期5—10月。

生于山坡、荒地或岩石缝隙。

秆和叶可入药，具清热利湿、祛风明目和解毒等功效。

狼尾草

拉丁学名：*Pennisetum alopecuroides* (L.) Spreng.

科名：禾本科（Gramineae）　　属名：狼尾草属

多年生草本，直立，丛生，高30～120cm。须根发达，粗壮。叶鞘光滑，主脉呈脊状，在基部者跨生状，秆上部者长于节间；叶舌短小，长约0.4mm，具纤毛；叶片线形，长10～80cm，宽3～8mm，先端长渐尖。圆锥花序直立或弯曲，长5～25cm，宽1.5～2cm；主轴密生柔毛；刚毛粗糙，淡绿色或紫色，长1.5～3cm；小穗通常单生，偶有双生，线状披针形。颖果长圆形，长约3.5mm。

生于林缘、荒地或岩石上。

狼尾草具有一定的观赏价值，可片植。

五节芒

拉丁学名：*Miscanthus floridulus* (Lab.) Warb. ex Schum. et Laut.

科名：禾本科（Gramineae）　　属名：芒属

多年生草本，高可达4m。秆无毛，节下具白粉，叶鞘无毛，或边缘及鞘节具纤毛；叶舌长1～2mm，顶端具纤毛；叶片披针状线形，长25～70cm，宽约2cm，基部渐窄或呈圆形，顶端长渐尖，中脉粗壮隆起，两面无毛，或上面基部有柔毛。花序圆锥状，长30～50cm，主轴粗壮，无毛；总状花序轴的节间长3～5mm，无毛，小穗柄无毛，顶端稍膨大，短柄长约1mm，长柄长约3mm；小穗卵状披针形，长3～3.5mm，黄色；芒长7～10mm，微粗糙；雄蕊3枚，花药长1.2～1.5mm，橘黄色；花柱极短，柱头紫黑色，自小穗中部之两侧伸出。

生于山坡、草地或海滩边。

根状茎可药用，具清热、利尿等功效。

互花米草

拉丁学名：*Spartina alterniflora* Lois.

科名：禾本科（Gramineae）　属名：米草属

多年生草本，秆直立，高10～120cm，分蘖发达，通常成丛分布。叶鞘大多长于节间，无毛，基部叶鞘呈纤维状，宿存；叶舌长约1mm，具白色纤毛，长1～2mm；叶片线形，先端渐尖，基部圆形，两面无毛，长15～25cm，宽8～10mm，中脉不明显。花序穗状，长7～11cm，先端常延伸成芒刺状，穗轴具3棱，无毛；小穗单生，长卵状披针形，疏生短柔毛，无柄，后脱落；第一颖草质，先端长渐尖，具1脉；第二颖先端略钝，具1～3脉；花药黄色，长约5mm；柱头白色羽毛状；子房无毛。颖果圆柱形，长约10mm，无毛。

生于海滩、滩涂等。

互花米草为外来入侵植物，具较强的繁殖和传播能力，有很大的生态危害性。

牛鞭草

拉丁学名：*Hemarthria sibirica* (Gandoger) Ohwi

科名：禾本科（Gramineae）　　属名：牛鞭草属

多年生草本，根茎横走，较长。秆直立，高可达1m，直径1～2mm，一侧有槽。叶鞘无毛，边缘膜质，鞘口具纤毛；叶舌膜质，白色，长约0.5mm；叶片线形，长达20cm，宽4～6mm，两面无毛。总状花序单生或簇生，长6～10cm，直径约2mm。无柄小穗卵状披针形，长5～8mm，第一颖革质，等长于小穗，背面扁平，具7～9脉，两侧具脊；第二颖厚纸质，贴生于总状花序轴凹穴中；第一小花仅存膜质外稃；第二小花两性，外稃膜质，长卵形，长约4mm。花果期7—9月。

生于荒地、山坡、海滩或岩石缝隙。

牛鞭草环境适应性好，可用于片植或护坡绿化。

鸭嘴草

拉丁学名：*Ischaemum aristatum* L. var. *glaucum* (Honda) T. Koyama

科名：禾本科（Gramineae）　　属名：鸭嘴草属

多年生草本。秆直立或基部膝屈，高60～80cm，直径约2mm，上无毛或被髯毛。叶鞘无毛或疏生疣基毛；叶舌干膜质，长3～4mm；叶片线状披针形，长5～20cm，宽4～8mm，先端渐尖，基部楔形，边缘粗糙。花序总状，呈圆柱形，长约5cm。无柄小穗披针形，长7～8mm；第一颖先端钝或具2微齿，上部5～7脉，两侧具脊和翅；第二颖等长于第一颖，先端渐尖，背部具脊，下部无毛；第一小花雄性，稍短于颖；外稃纸质，先端尖，背面微粗糙；雄蕊3枚；花柱分离。花果期7—9月。

生于山坡或岩石缝隙。

鸭嘴草长势强健，可用作饲料。

胡椒科 Piperaceae

风　藤

拉丁学名：*Piper kadsura* (Choisy) Ohwi

科名：胡椒科（Piperaceae）　属名：胡椒属

攀援木质藤本；茎有纵棱，幼时被疏柔毛。叶互生，近革质，卵形或长卵状披针形，长3～12cm，宽2～7cm，顶端短尖或钝，基部心形，上面无毛，下面被短柔毛，具白色腺点；叶脉5条，基出或近基出；叶柄长0.3～1cm，有时被毛；基部具叶鞘。雌雄异株，花序穗状，与叶对生。雄花序长3～5.5cm，花序轴被微硬毛；苞片盾状，圆形，近无柄，直径约1mm，边缘不整齐，腹面具白色粗毛；雄蕊2～3枚，花丝极短；雌花序长1～2cm；子房卵球形，先端渐尖，离生，柱头3～4枚。浆果球形，黄褐色，直径3～4mm。花果期5—8月。

生于林缘、山坡或灌丛。

风藤可药用，具祛风、通经和止痛等功效。

胡桃科 Juglandaceae

化香树

拉丁学名：*Platycarya strobilacea* Sieb. et Zucc.

科名：胡桃科（Juglandaceae）　　属名：化香树属

落叶小乔木或灌木，高2～6m，有时可达20m；树皮灰色，浅纵裂。叶片对生或上部互生，奇数羽状复叶，叶长15～30cm，小叶无柄，卵状披针形至长椭圆状披针形，长2～14cm，宽1～4cm，边缘有锯齿，小叶上面绿色，近无毛或脉上有褐色短柔毛，下面浅绿色，具褐色柔毛，后脱落。两性花，伞房状，直立，长5～10cm，雄花序位于雌花序上部，有时无雄花序；雄蕊6～8枚，花丝较短；花药阔卵形，黄色。果序球果状，卵状椭圆形至长椭圆状圆柱形；宿存苞片木质；果实小坚果状，种子卵形，黄褐色，膜质。花期5—6月，果期7—9月。

生于山坡或疏林。

化香树树姿优美，果实奇特，具有一定的观赏价值。

胡颓子科 Elaeagnaceae

大叶胡颓子

拉丁学名：*Elaeagnus macrophylla* Thunb.

科名：胡颓子科（Elaeagnaceae）　　属名：胡颓子属

常绿直立灌木，高2～3m，无刺；幼枝扁棱形，灰褐色，密被淡黄白色鳞片，老时脱落。叶厚纸质或近革质，宽卵形至近圆形，长4～9cm，宽4～6cm，顶端钝形或钝尖，基部圆形至近心形，全缘，上面绿色，幼时被银白色鳞片，后脱落，下面银白色，密被鳞片；叶柄扁圆形，银白色，上面有宽沟。花白色，被鳞片，略开展，常1～8朵花生于叶腋短小枝上，花枝褐色，长2～3mm；花梗银白色或淡黄色，长约3mm；萼筒钟形，长4～5mm，内面疏生白色星状柔毛；雄蕊的花丝极短，花药椭圆形，花柱被白色星状柔毛。果实长椭圆形，被银白色鳞片。花期9—11月，翌年4—5月成熟。

生于疏林、山坡或路旁。

大叶胡颓子具有一定的观赏价值，目前已有栽培，用于庭院绿化。

葫芦科 Cucurbitaceae

马瓟儿

拉丁学名：*Zehneria japonica* (Thunberg) H. Y. Liu

科名：葫芦科（Cucurbitaceae） 属名：马瓟儿属

多年生草质攀援藤本；茎、枝纤细，无毛。叶片膜质，多型，三角状卵形、卵状心形或戟形，不分裂或3～5浅裂，长3～5cm，宽约3cm，上面深绿色，粗糙，脉上有短柔毛，背面淡绿色，无毛，边缘微波状或有疏齿。雌雄同株，总状花序，雄花单生或稀2～3朵腋生；花序梗纤细，无毛；花萼宽钟形，基部急尖或稍钝，长1.5mm；花冠淡黄色，有极短的柔毛，裂片长圆形或卵状长圆形；雄蕊3枚，生于花萼筒基部，花丝短，长0.5mm，花药卵状长圆形或长圆形，雌花单生，稀双生；花冠阔钟形，直径2.5mm，裂片披针形。果实幼时绿色或白色，橘红色或红色。种子灰白色，卵形。花期4—7月，果期7—10月。

分布于海滩、路旁或灌丛。

全草可药用，有清热、利尿和消肿等功效。

槲蕨科 Drynariaceae

槲　蕨

拉丁学名：*Drynaria roosii* Nakaike

科名：槲蕨科（Drynariaceae）　　属名：槲蕨属

常绿草本，株高20～60cm，附生于岩石、树干等。根状茎粗壮，横走，密被鳞片；鳞片金黄色，钻状披针形，盾状着生。叶二型，基生不育叶无柄，叶片卵形或卵圆形，黄绿色，后变成枯黄色，干膜质；可育叶具叶柄，长4～9cm；叶片长20～50cm，宽10～25cm，深羽裂到距叶轴2～5mm处，裂片6～13对，互生，边缘有不明显的疏钝齿，顶端急尖或钝。孢子囊群圆形或椭圆形，分布于叶片下面，沿裂片中肋两侧各排列成2～4行。

附生于树干、岩石或海岛房屋的墙面。

根状茎具一定的药用价值，有补肾强骨和活血止痛的功效。

桦木科 Betulaceae

普陀鹅耳枥

拉丁学名：*Carpinus putoensis* Cheng

科名：桦木科（Betulaceae）　　属名：鹅耳枥属

落叶乔木，高约13m；树皮青灰色，不开裂；小枝棕色，密生黄褐色皮孔，疏被长柔毛，后脱落。叶互生，厚纸质，椭圆形至宽椭圆形，长5～10cm，宽3.5～5cm，先端锐尖或渐尖，基部圆形或宽楔形，边缘具不规则的重锯齿，侧脉11～15对；叶柄长0.5～1.5cm，上面疏被短柔毛。果序长4～8cm，序梗、序轴疏被长柔毛或近无毛；果苞半宽卵形，长2.5～3cm，背面沿脉被短柔毛。小坚果宽卵形，长约6mm。

野生植株仅1棵，生长在普陀山佛顶山慧济寺西侧的山坡上，海拔260m。近年来，在科研人员的努力下，普陀鹅耳枥已大量人工繁殖。

普陀鹅耳枥高大挺拔，果形奇特，可用于庭院孤植或群植。

夹竹桃科 Apocynaceae

络 石

拉丁学名：*Trachelospermum jasminoides* (Lindl.) Lem.

科名：夹竹桃科（Apocynaceae）　　属名：络石属

常绿木质藤本，长达10m；老枝红褐色，具皮孔；小枝被黄色柔毛，老时脱落。叶革质或近革质，椭圆形至卵状椭圆形或宽倒卵形，长2～10cm，宽1～4cm，先端锐尖、渐尖或钝，叶面无毛，叶背被疏短柔毛，老时无毛；叶面中脉微凹，叶背中脉凸起，侧脉每边6～12条；叶柄短，被短柔毛，老渐无毛。花序聚伞状，二歧，腋生或顶生；花冠白色，圆筒状，裂片长5～10mm，花具芳香；花萼5深裂，裂片线状披针形；雄蕊着生在花冠筒中部，腹部黏生在柱头上，花药箭头状；子房由2个离生心皮组成，无毛。蓇葖果双生，叉开，线状披针形，长10～20cm，宽3～10mm；种子多数，褐色，线形，顶端具白色绢毛。花期3—7月，果期7—2月。

生于疏林、山坡、路旁、林缘或灌丛。

根、茎、叶和果实供药用，有祛风活络、止血、止痛、消肿和清热解毒等功效。络石具有一定的观赏价值，可用于地被、盆栽或棚架栽植。

鳝 藤

拉丁学名：*Anodendron affine* (Hook. et Arn.) Druce

科名：夹竹桃科（Apocynaceae）　属名：鳝藤属

攀援灌木，长可达5m，全株有乳汁；枝红褐色或土灰色。叶长圆状披针形、倒披针形、长圆形或狭披针形，长3～11cm，宽1～3cm，端部渐尖，基部楔形；中脉在叶面略凹陷，叶背略凸起，侧脉6～10对；叶柄长0.5～1.2cm。聚伞花序，顶生；花萼裂片披针形，长2～3mm；花冠白色或淡黄色，裂片镰刀状披针形，长约3mm，花冠喉部有疏柔毛；雄蕊短，着生于花冠筒的基部，长约2mm；子房心皮2，无毛，柱头圆锥状，端部2裂。蓇葖为椭圆形或披针状圆柱形，长8～13cm，直径1～3cm，基部膨大，向上渐尖；种子棕黑色，有喙，具种毛。花期11月—翌年4月，果期翌年6—8月。

生于疏林和灌丛。

该植物具有一定的观赏性，可用于盆栽或棚架栽培。

锦葵科 Malvaceae

海滨木槿

拉丁学名：*Hibiscus hamabo* Sieb. et Zucc.

科名：锦葵科（Malvaceae）　属名：木槿属

落叶灌木，高可达3m。单叶互生，倒卵圆形、扁圆形或宽倒卵形，长3～8cm，宽3～7cm，先端圆形或截平，基部圆或呈心形，中上部有细齿；托叶披针状长圆形，早落。花单生于叶腋，小苞片线状披针形；花冠钟状，直径5～6cm，淡黄色至亮黄色，之后变浅红色，心部紫色，花瓣倒卵形。蒴果三角状卵形，密被黄褐色的星状毛；种子肾形，深棕色。花期6—8月，果期8—9月。

生于盐碱地、林缘。

海滨木槿花大而艳丽，花期较长，具有较好的观赏价值，目前在园林上已有应用。

景天科 Crassulaceae

垂盆草

拉丁学名：*Sedum sarmentosum* Bunge

科名：景天科（Crassulaceae）　属名：景天属

多年生草本，长可达50cm。不育枝及花茎细，匍匐生长，节易生不定根。叶轮生，叶片倒披针形至长圆形，长1.5～2.5cm，宽3～7mm，先端近急尖，基部急狭，有距。花序聚伞状，有3～5个分枝，花少，宽5～6cm；萼片5枚，披针形至长圆形，先端钝；花瓣5枚，黄色，披针形至长圆形，长5～8mm，先端有稍长的短尖；雄蕊10枚，较花瓣短；鳞片10枚，楔状四方形；心皮5枚，长圆形，长5～6mm。种子卵形，长约0.5mm。花期5—7月，果期8月。

全草可药用，具清热解毒的功效。

垂盆草具一定的观赏价值，可盆栽或片植。

台湾佛甲草

拉丁学名：*Sedum formosanum* N. E. Br.

科名：景天科（Crassulaceae）　属名：景天属

多年生草本植物，植株高10～30cm；茎粗壮，2～3个分枝自基部发生，分枝上升或直立；叶互生，稀对生和轮生，下部叶早落，上部叶密集；叶片匙形、长倒卵形、倒披针形或近圆形，长1～3cm，宽0.4～1cm，先端钝圆、急尖或微凹，具短距，全缘；叶柄无。花序聚伞状，顶生，花多数；苞片叶状，较小。萼片5枚，狭倒卵形或倒披针状长圆形；花瓣5枚，黄色或黄绿色，披针形或狭披针状，长4～6mm，宽1.5～1.8mm；雄蕊10枚，比花瓣短，花丝钻形，花药卵形；鳞片5枚，长方形至正方形，长约1mm，先端平截或缺刻；心皮5枚，直立，卵状长圆形，比花瓣短，先端渐狭，下部合生，花柱长约1mm。蓇葖5枚，稍叉开。种子小，褐色。花期3—5月，果期5—7月。

生于山坡、岩石缝隙或荒地。

台湾佛甲草枝繁叶茂，叶片肥厚，可用于盆栽或假山美化。

藓状景天

拉丁学名：*Sedum polytrichoides* Hemsl.

科名：景天科（Crassulaceae）　属名：景天属

多年生肉质草本，高5～10cm。茎木质化，纤细，丛生。叶互生，线形至线状披针形，长5～15mm，宽1～2mm，先端钝或急尖，基部有距。花序聚伞状，顶生，有2～4分枝；花少数，花梗短或无；萼片5枚，卵形至长卵形，长1.5～2mm，无距；花瓣5枚，黄色，狭披针形，长5～6mm，宽0.8～1mm，先端渐尖；雄蕊10枚，稍短于花瓣；鳞片5枚，细小，宽圆楔形，基部稍狭；心皮5枚，稍直立。蓇葖果长卵形，基部1.5mm合生，腹面有浅囊状突起，喙直立；种子长圆形，细小，褐色。花期7—8月，果期8—9月。

生于山坡、岩石或石缝。

藓状景天适应能力强，可用于盆栽、片植或屋顶绿化。

晚红瓦松

拉丁学名：*Orostachys japonica* A. Berger

科名：景天科（Crassulaceae）　　属名：瓦松属

多年生肉质草本，高15～30cm。茎直立，基部叶莲座状，狭匙形至卵形，肉质，先端渐尖，有软骨质的刺；花茎上的叶片散生，叶线形至线状披针形，长2～6cm，宽3～7mm；花序总状，高8～25cm，直径约3cm；花密生，形成长筒状；萼片5枚，卵形，长2mm，宽1mm；花瓣5枚，白色，披针形，长6mm，宽约2mm；雄蕊10枚，较花瓣短。果实为蓇葖状，先端有喙。种子长1mm，褐色。花期9—10月，果期10—11月。

生于山坡、岩石表面薄土或缝隙。

晚红瓦松植株姿态优美、叶片肥厚，可作为多肉植物栽培。

菊科 Compositae

大吴风草

拉丁学名：*Farfugium japonicum* (L. f.) Kitam.

科名：菊科（Compositae） 属名：大吴风草属

多年生草本，根状茎粗壮，直径约1.2cm。花葶高达70cm，幼时密被淡黄色柔毛，后逐渐脱落。叶基生，莲座状，叶柄长15～25cm，基部鞘状，抱茎；叶片肾形，长10～15cm，宽10～30cm，全缘或带小齿，叶片近革质，两面幼时被灰色柔毛，后脱毛；茎生叶1～3片，苞叶状，长圆形、长椭圆状披针形或线状披针形，长1～2cm。花序头状，排成伞房状。舌状花8～12朵，黄色，雌性，舌片长圆形或匙状长圆形，长1.5～2.5cm，先端圆形或急尖；管状花多数，长10～12mm，管部长约6mm，花药基部有尾，冠毛白色与花冠等长。瘦果圆柱形，长约7mm，具纵肋。花果期8月—翌年3月。

生于林下、山坡、草丛或石缝。

大吴风草具有一定的药用价值，有清热解毒、活血消肿的功效。大吴风草四季常绿、叶片硕大、花色艳丽，具有较好的观赏价值。

芙蓉菊

拉丁学名：*Crossostephium chinense* (L.) Makino

科名：菊科（Compositae）　　属名：芙蓉菊属

半灌木，茎直立，高10～40cm；上部多分枝，密被灰色短柔毛。叶聚生于枝顶，叶片狭匙形或狭倒披针形，长2～4cm，宽2～5mm，全缘或3～5裂，两面密被灰色短柔毛。花序头状，直径约7mm，有长6～15mm的细梗，生于枝端叶腋，排成总状花序；总苞半球形，3层。边花雌性，1列，花冠管状，长1.5mm，具腺点；盘花管状，两性，顶端5齿裂，外面密生腺点。瘦果矩圆形，具棱；冠状冠毛，长约0.5mm。花果期10—12月。

生于岩石表面土层或岩石缝隙。

芙蓉菊具有祛风除湿、消肿、解毒和止咳化痰的功效。芙蓉菊耐旱能力强，株形优美，可用于盆栽、片植或点缀假山。

普陀狗娃花

拉丁学名：*Heteropappus arenarius* (Kitam.) Nemoto

科名：菊科（Compositae）　属名：狗娃花属

二年生或多年生草本，植株高达70cm；主根粗壮，木质化。茎平卧或斜升，自基部分枝，近于无毛。基生叶匙形，长3～6cm，宽1～1.5cm，顶端圆形或稍尖；茎生叶匙形或匙状矩圆形，长1～2.5cm，宽2～6mm，顶端圆形或稍尖，基部渐狭。花序头状，单生于枝端，直径2.5～3cm；总苞半球形，直径1.2～1.5cm，外缘为舌状花，雌性，舌片条状矩圆形，淡紫色或白色；管状花两性，黄色。瘦果倒卵形，浅黄褐色，长约3mm，宽约2mm，具绢状柔毛。

生于路旁、山坡或疏林。

普陀狗娃花具有一定的观赏价值，可盆栽或片植。

蓟

拉丁学名：*Cirsium japonicum* Fisch. ex DC.

科名：菊科（Compositae）　　属名：蓟属

多年生草本，块根纺锤状或萝卜状。茎直立，高30～150cm，分枝或不分枝，茎枝有条棱，被稠密或稀疏长节毛。基生叶卵形、长倒卵形、椭圆形或长椭圆形，长8～20cm，宽2.5～8cm，羽状深裂或几全裂，基部柄翼边缘有针刺及刺齿；侧裂片6～12对，中部侧裂片较大，卵状披针形、半椭圆形、斜三角形、长三角形或三角状披针形。茎生叶无柄，基部扩大半抱茎。花序头状，顶生或腋生；管状花，紫色、粉色或白色。瘦果压扁，偏斜楔状倒披针状，长4mm；冠毛浅褐色，多层，冠毛刚毛长羽毛状。花果期6—9月。

生于疏林、林缘、山坡、灌丛或路旁。

蓟的根和叶可供药用，具止血、散瘀、凉血和利尿的功效。

假还阳参

拉丁学名：*Crepidiastrum lanceolatum* (Houtt.) Nakai

科名：菊科（Compositae）　　属名：假还阳参属

半灌木，根粗壮；茎短，木质化。基生叶莲座状，卵形至匙形，长10～12cm，宽1～4.5cm，顶端钝或圆形，基部收窄，边缘全缘，两面无毛。茎生叶小，披针形，长3.5cm，宽1.5cm。花序头状；总苞圆柱状，直径3～5mm；小花舌状，8～12朵，花冠管外面被柔毛。瘦果扁，近圆柱状，长约4mm，具纵肋。冠毛白色，长约3.5mm。

生于林缘、海滨和沙滩。

假还阳参根系发达，分枝较多，可用于盆栽或片植，也可用来点缀假山。

台湾假还阳参

拉丁学名：*Crepidiastrum taiwanianum* Nakai

科名：菊科（Compositae）　属名：假还阳参属

多年生草本植物，植株高20～40cm。根粗壮，主茎木质化。基生叶莲座状，叶片匙状长圆形，厚革质，长4～12cm，宽1～4cm，两面无毛，基部渐狭成柄，先端圆形，全缘或具小齿；中部和上部叶片宽椭圆形至宽卵形，边缘全缘或具小锯齿。头状花序，排列成伞房状；有花8～12朵，花梗细长；花冠黄色，小花舌状。瘦果棕色，长约4mm，先端有喙；冠毛白色，长3mm。

生于岩石缝隙或路边，数量稀少。

台湾假还阳参叶色碧绿，长势强健，可用于盆栽或片植。

碱 菀

拉丁学名：*Tripolium pannonicum* (Jacquin) Dobroczajeva

科名：菊科（Compositae）　属名：碱菀属

一年生草本，高30～50cm。单生或数个丛生，下部常带红色，无毛，上部有分枝。下部叶线形或矩圆状披针形，长5～10cm，宽0.5～1.2cm，先端急尖，全缘或具疏锯齿；中部叶渐狭，无柄；上部叶渐小，苞叶状；叶片两面均无毛，肉质。花序头状，排列成伞房状。总苞近管状，花后钟状，直径约7mm。总苞片2～3层，疏覆瓦状排列，干后膜质，无毛。缘花舌状，1层，蓝紫色或淡黄色，雌性。瘦果长2.5～3mm，被疏毛。花果期8—12月。

生于海滩、田边或荒地。

碱菀耐盐性好，枝繁叶茂，花色丰富，可用于盐碱地绿化。

甘 菊

拉丁学名：*Dendranthema lavandulifolium* (Fischer. ex Trautvetter.) Makino

科名：菊科（Compositae）　属名：菊属

多年生草本，高0.3～1.5m；匍匐茎发达。茎直立，自中部以上多分枝，被稀疏柔毛。叶互生，基部和下部叶花期脱落；中部茎叶卵形、宽卵形或椭圆状卵形，长2～5cm，宽1.5～4.5cm。二回羽状分裂，一回全裂或几全裂，二回为半裂或浅裂；叶片两面同色或几同色，被稀疏柔毛或上面几无毛。中部茎叶叶柄长0.5～1cm，柄基部有或无分裂的假托叶。花序头状，直径1～2cm，在茎枝顶端排成疏松或稍紧密的复伞房花序。舌状花黄色，舌片椭圆形；瘦果长1.2～1.5mm。花果期5—11月。

生于山坡、疏林、路边或荒地。

甘菊具药用价值，有平肝疏肺、治目祛风和益阴滋肾等功效。植株含挥发油，可用于精油的提取。

马　兰

拉丁学名：*Aster indica* L.

科名：菊科（Compositae）　　属名：马兰属

多年生草本，高30～70cm；根状茎具匍匐枝，有时具直根。茎直立，上部有短毛，上部或从下部起有分枝。基生叶在花期枯萎；茎部叶倒披针形或倒卵状矩圆形，上部叶小，全缘，基部急狭无柄，两面或上面有疏微毛或近无毛。花序头状，单生于枝端并排列成疏伞房状。总苞半球形，直径6～9mm；总苞片2～3层，覆瓦状排列；花托圆锥形。缘花舌状，单层，舌片浅紫色到紫色；盘花管状，密被密毛。瘦果倒卵状矩圆形，扁平，褐色，边缘具厚肋。花期5—9月，果期8—10月。

生于路旁、海滩及山坡。

全草药用，具消食、祛湿、利尿和清热等功效。马兰的嫩茎和叶可作野菜食用。

琴叶紫菀

拉丁学名：*Aster panduratus* Nees ex Walper

科名：菊科（Compositae）　属名：紫菀属

多年生草本，植株高50～100cm。具粗壮的根状茎。茎直立，单生或丛生，全体被长粗毛和腺毛，上部具分枝。叶互生，下部叶匙状长圆形，长约12cm，宽约2.5cm，下部渐狭成长柄；中部叶长圆状匙形，长4～9cm，宽1.5～2.5cm，基部扩大成心形或有圆耳，半抱茎；上部叶渐小，卵状长圆形，基部心形抱茎，常全缘；去别处两面被长贴伏毛和密短毛，有腺，下面沿脉及边缘有长毛；中脉在下面突起，侧脉不显明。花序头状，直径2～2.5cm，在枝端单生或疏散伞房状排列；苞叶线状披针形或卵形。缘花舌状，约30个，舌片浅紫色、红色或白色。瘦果卵状长圆形，扁平，黄棕色。花果期7—10月。

生于灌丛、草地、路旁或疏林。

琴叶紫菀植株高大，抗逆性好，可用于片植。

陀螺紫菀

拉丁学名：*Aster turbinatus* S. Moore

科名：菊科（Compositae）　属名：紫菀属

多年生草本，高60～100cm；有粗短根状茎。茎粗壮，常单生，被糙毛或长粗毛。下部叶密生，在花期常枯落，叶片卵圆形或卵圆披针形，长4～10cm，宽3～7cm，有疏齿，顶端尖；中部叶无柄，长圆或椭圆披针形，长3～12，宽1～3cm，有浅齿，基部有抱茎的圆形小耳，顶端尖或渐尖；上部叶渐小，卵圆形或披针形；叶厚纸质，两面被短糙毛；缘花舌状，约20个；舌片蓝紫色，长约14mm；瘦果倒卵状长圆形，两面有肋，被密粗毛。花期8—10月，果期10—11月。

生于林缘、路旁或疏林。

陀螺紫菀具清热解毒、健脾止痢等功效；花色艳丽，有一定的观赏价值。

兰科 Orchidaceae

白 及

拉丁学名：*Bletilla striata* (Thunb. ex A. Murray) Rchb. f.

科名：兰科（Orchidaceae）　属名：白及属

植株高18～60cm；假鳞茎扁球形，直径约1cm，表面有环带。茎粗壮，直立。叶4～5片，狭长圆形或披针形，长8～30cm，宽1.5～5cm，基部抱茎。花序总状，具花3～10朵，花大，紫红色或浅紫红色；萼片和花瓣近等长，狭长圆形，先端急尖；花瓣较萼片稍宽；唇瓣较萼片和花瓣稍短，倒卵状椭圆形，白色带红色，具紫脉；唇盘上面具5条纵褶片。蒴果圆柱形，具纵棱。花期5—6月，果期7—9月。

生于灌丛、山坡、路旁或岩石缝隙。

白及假鳞茎可药用，具收敛止血、润筋行气和消肿生肌的功效。白及具有较好的观赏价值，可盆栽、片植，或布置花境、花坛，也可点缀假山。

纤叶钗子股

拉丁学名：*Luisia hancockii* Rolfe

科名：兰科（Orchidaceae）　　属名：钗子股属

多年生草本，高10～20cm。茎直立，圆柱形，基部木质，粗2～4mm。叶互生，叶片圆柱形，长5～10cm，粗2～2.5mm，基部具关节。花序总状，腋生；花2～3朵，苞片肉质，宽卵形；花小，肉质，萼片和花瓣均为黄绿色；前唇紫色，先端凹；花药顶生，2室；花粉团近球形，直径约1mm。蒴果椭圆状圆柱形，具肋，成熟时开裂，种子细小。花期5—6月，果期7—9月。

生于海边崖壁或附生于树干。

根或全草可药用，有催吐解毒和祛风利湿的功效。纤叶钗子股具有一定的观赏价值，可绑扎于树干或栽植于假山。

风　兰

拉丁学名：*Neofinetia falcata* (Thunb. ex A. Murray) H. H. Hu

科名：兰科（Orchidaceae）　　属名：风兰属

多年生草本，植株高6～14cm。茎较短，长1～4cm，直立。叶互生，排成两列；叶片厚革质，线状长圆形或狭长镰刀形，长3～12cm，宽6～12mm，基部通常V形套叠。花序总状，腋生，具3～5朵花；花苞片卵状披针形或三角状卵形，长7～9mm，先端渐尖；花白色，具芳香；花瓣倒披针形或近匙形，长8～10mm，宽2.2～3mm；唇瓣肉质，3裂；距细长，弧形，长3～5cm；药帽白色，两侧褐色，前端收狭成三角形。蒴果较小，具肋，成熟时开裂，种子多数。花期4月，果期5—6月。

生于海边崖壁或树干。

风兰叶形奇特、花色洁白、香气袭人，具有较好的观赏价值。

蜈蚣兰

拉丁学名：*Pelatantheria scolopendrifolia* (Makino) Averyanov

科名：兰科（Orchidaceae）　属名：隔距兰属

多年生草本植物；匍匐分枝。茎细长，粗约1.5mm，多节，具分枝。叶互生，排成二列，叶片革质，近圆柱形，长4～10mm，粗约1.5mm，先端钝，基部具叶鞘。花序较短，总状，腋生；花序柄纤细，长约3mm，着生1～2朵花；萼片和花瓣浅红色；中萼片卵状长圆形，长3mm，宽1.5mm，先端钝，具3条脉；花瓣近长圆形，先端圆钝；唇瓣肉质，白色带黄色斑点，3裂；距近球形，粗约0.8mm，末端凹入。蒴果长倒卵形，长6～8mm，成熟时开裂。花期6—7月，果期8—9月。

生于石壁或树干。

蜈蚣兰全草入药，具清热解毒和润肺止血的功效。

大花无柱兰

拉丁学名：*Amitostigma pinguiculum* (H. G. Reichenbach & S. Moore) Schltr.

科名：兰科（Orchidaceae）　属名：无柱兰属

多年生草本，植株高7～16cm。块茎卵球形，直径约1cm，肉质，白色。茎直立，纤细，无毛。近基部具1枚叶，偶见2枚，叶片卵形、线状倒披针形、舌状长圆形、狭椭圆形至长圆状卵形，长1.5～8cm，宽0.6～1.2cm，先端稍尖，基部成鞘。花序直立，具1～2朵小花，1朵居多；花苞片线状披针形至卵状披针形，先端渐尖；花玫瑰红色或紫红色，偶见白色；花瓣斜卵形，直立，较中萼片短而宽；唇瓣扇形，具爪和距，距圆锥形。蒴果细长，具肋，成熟时开裂。花期4—5月，果期5—6月。

生于林缘、覆有土的岩石上或岩石缝隙。

大花无柱兰具活血化瘀、解毒消肿的功效，可用于治疗无名肿毒、跌打损伤和蛇虫咬伤；花形奇特，花色艳丽，有一定的观赏价值。

密花鸢尾兰

拉丁学名：*Oberonia seidenfadenii* (H. J. Su) Ormerod

科名：兰科（Orchidaceae）　　属名：鸢尾兰属

多年生小型附生草本，植株高1～2cm，茎短，不明显，多分枝。叶近基生，3～4枚，二列套叠；叶片肥厚，肉质，先端钝或稍尖，全缘，基部具关节，但不明显。花序穗状，顶生，花多数，无梗，密生；苞片卵形或长圆形，无脉；花黄色，长约2mm，宽约1.2mm。蒴果小，倒卵形。花期8—9月，果期10—12月。

生于海边崖壁，数量十分稀少。

密花鸢尾兰四季常绿，叶形奇特，叶片肥厚，有较强的耐旱能力，具有一定的观赏价值。

楝科 Meliaceae

楝

拉丁学名：*Melia azedarach* L.

科名：楝科（Meliaceae） 属名：楝属

落叶乔木，高达可达20m；树皮灰褐色，纵裂。小枝有叶痕，具白色皮孔。叶2～3回奇数羽状复叶，长20～40cm；小叶对生，卵形、椭圆形至披针形，顶生一片通常略大，幼时被星状毛，后脱落。花序圆锥状，花具芳香；花萼5深裂，裂片卵形、长圆状卵形或披针形，先端急尖；花瓣淡紫色，倒卵状匙形，长约1cm；雄蕊管紫色，无毛或近无毛；花药10枚，着生于裂片内侧；子房近球形，上位，具5～6室，每室有胚珠2颗。核果近球形至椭圆形，长1～2cm，成熟时黄色；种子椭球形。花期4—6月，果期10—12月。

生于灌丛、疏林、林缘或山坡。

树皮和叶可入药，具有止痒、止痛、清热、祛湿和杀虫等功效。

楝树形优美、花叶俱佳，具有较好的观赏价值，在造林和园林上已有应用。

蓼科 Polygonaceae

何首乌

拉丁学名：*Fallopia multiflora* (Thunb.) Harald.

科名：蓼科（Polygonaceae）　　属名：何首乌属

多年生缠绕草本，长可达5m；具肥厚的块根，长椭圆形，黑褐色。茎多分枝，细长，中空，具纵棱，无毛。叶互生，卵形或长卵形，长3～7cm，宽2～5cm，顶端渐尖，基部心形或近心形，全缘；托叶鞘膜质，无毛，长3～5mm。花序圆锥状，顶生或腋生；苞片三角状卵形或卵状披针形；花被5深裂，白色或浅绿色；雄蕊8枚，花柱3枚。瘦果卵形，具棱，黑褐色，具光泽。花期8—10月，果期10—11月。

生于灌丛、林下和石隙等。

块根可入药，具补肾益肝、养血和活络等功效。

火炭母

拉丁学名：*Polygonum chinense* L.

科名：蓼科（Polygonaceae）　　属名：蓼属

多年生草本，长约1m；根状茎粗壮。茎直立或伏生，通常无毛，具纵棱，多分枝。叶互生，叶片卵形或长卵形，长4～13cm，宽2～7cm，顶端短渐尖，基部截形或宽心形，全缘，叶面光滑；下部叶具叶柄，叶柄长1～2cm；上部叶近无柄或抱茎；托叶鞘膜质，无毛。花序头状，顶生或腋生；花被5深裂，白色或淡红色，裂片卵形。瘦果宽卵形，具棱，黑褐色。花期7—9月，果期8—10月。

生于疏林、覆土岩石、山坡或岩石缝隙。

根状茎供药用，有清热解毒和散瘀消肿的功效。

酸 模

拉丁学名：*Rumex acetosa* L.

科名：蓼科（Polygonaceae）　属名：酸模属

多年生草本，株高40～100cm；具短根茎和肉质根。茎直立，通常单生，具深沟槽，圆柱形，中空。叶互生，基生叶和茎下部叶箭形，长3～12cm，宽2～4cm，顶端急尖或圆钝；叶柄长2～10cm；茎上部叶较小，叶柄短或无；托叶鞘膜质。花序圆锥状，顶生，分枝稀疏；雌雄异株，雄花内花被片椭圆形，雄蕊6枚；雌花内花被片果时增大，近圆形，全缘；柱头3，红色。瘦果椭圆形，长约2mm，具3棱，黑褐色，有光泽。花期5—7月，果期6—8月。

生于林缘、荒地、路旁或山坡。

全草可药用，有凉血、解毒等功效。

列当科 Orobanchaceae

野 菰

拉丁学名：*Aeginetia indica* L.

科名：列当科（Orobanchaceae）　属名：野菰属

一年生寄生草本，高15～40cm。茎直立，下部黄褐色或紫红色，不分枝或从基部分枝。叶鳞片状，肉红色，疏生于茎的基础部。花单生于茎端，长约2cm。花梗粗壮，常直立，长10～30cm，光滑，常具紫红色的条纹。花萼佛焰苞状，一侧开裂，紫红色、黄色或黄白色，两面无毛。花冠筒钟状，常与花萼同色，干时变黑褐色，筒部宽，稍弯曲。雄蕊4枚，内藏。蒴果圆锥状或长卵球形；种子多数，椭圆形，黄色，具孔状网纹。花期9—10月，果期10—11月。

寄生于禾本科植物的根部，在海岛上常寄生于五节芒内。

根和花供药用，有清热、解毒和消肿功效。

萝藦科 Asclepiadaceae

山白前

拉丁学名：*Cynanchum fordii* Hemsl.

科名：萝藦科（Asclepiadaceae）　属名：鹅绒藤属

缠绕性藤本；茎被两列柔毛。叶草质，对生，长圆形或卵状长圆形，长3.5～4.5cm，宽1.5～2cm，顶端短渐尖，基部截形、稍微心形或圆形，两面均被散生柔毛；叶柄长0.5～2cm，上端具腺体。花序聚伞状，腋生，花5～15朵，直径约7mm；花萼裂片卵状三角形，外面具微柔毛，花萼内面基部有腺体5枚；花冠黄白色或红褐色，无毛。蓇葖果单生，披针形，无毛，圆柱状，长5～6cm，直径约1cm，顶端长渐尖；种子扁卵形，种毛白色。花期5—8月，果期8—12月。

生于灌丛、疏林或林缘。

山白前花色亮丽，果形奇特，可用于盆栽或攀援绿化。

落葵科 Basellaceae

落葵薯

拉丁学名：*Anredera cordifolia* (Tenore) Steenis

科名：落葵科（Basellaceae）　属名：落葵薯属

多年生缠绕藤本，长可达数米。具根状块茎，粗壮。茎具皮孔，多分枝，叶腋处有珠芽。叶肉质或近肉质，具短柄，叶片阔卵形至近圆形，长2～6cm，基部圆形或近心形。花序总状，花序轴纤细，下垂，长7～25cm；花被片白色，卵形、长圆形至椭圆形，顶端钝圆；雄蕊白色。果实、种子未见。花期6—10月。

生于林缘、疏林或山坡。

珠芽、叶和根可药用，具滋补、消肿和散瘀的功效。落葵薯具一定的观赏价值，可用于棚架栽培。

马鞭草科 Verbenaceae

海州常山

拉丁学名：*Clerodendrum trichotomum* Thunb.

科名：马鞭草科（Verbenaceae） 属名：大青属

灌木或小乔木，高1.5～8m；幼枝、叶柄、花序轴等被黄褐色柔毛或近无毛。老枝灰白色，具皮孔，有髓，白色。叶片纸质，卵形、卵状椭圆形或三角状卵形，长6～16cm，宽2～13cm，先端渐尖；表面深绿色，背面浅绿色，幼时被白色短柔毛，老时上面无毛或近无毛，背面被短柔毛或无毛。伞房状聚伞花序，顶生或腋生，花序长6～20cm；苞片叶状，椭圆形，早落；花萼绿白色，后紫红色，宿存；花冠白色或边缘粉红色，具香味。核果近球形，直径约7mm，成熟时蓝紫色。花果期7—11月。

生于疏林、林缘或山坡。

全草、根和叶药用，具祛风、平喘、镇痛和降压功效。海州常山枝繁叶茂，花具清香，具一定的观赏性。

豆腐柴

拉丁学名：*Premna microphylla* Turcz.

科名：马鞭草科（Verbenaceae）　　属名：豆腐柴属

落叶灌木，高可达4m；幼枝有柔毛，老枝无毛。叶对生，单叶，卵状披针形、椭圆形、卵形或倒卵形，长4～11cm，宽1.5～5cm，叶片揉碎有臭味；叶柄长0.5～2cm。花序聚伞状，排列成塔形圆锥花序；花萼杯状，绿色，有时带紫色，密被毛或近无毛；花冠淡黄色，长5～8mm，外有柔毛和腺点。核果蓝紫色，倒卵形至近球形。花期5—6月，果期8—10月。

生于疏林中或林下。

根、茎和叶可入药，具清热、解毒、消肿和止血等功效。叶可制作绿豆腐。

单叶蔓荆

拉丁学名：*Vitex rotundifolia* Linnaeus f.

科名：马鞭草科（Verbenaceae）　属名：牡荆属

落叶灌木，具匍匐茎，长可达6m。小枝四棱形，密被细柔毛，老枝圆柱形。单叶，对生，叶片倒卵形或近圆形，全缘，长2.5～5cm，宽1.5～3cm；上面绿色，被短柔毛，下面灰白色，密被短柔毛；叶柄2～8mm，密被短柔毛。花序圆锥状，顶生，长2～20cm，密被短柔毛；花萼钟形，5浅裂，外面密被短柔毛；花冠淡紫色或蓝紫色，长1.2～1.8cm，内外均有柔毛。核果近球形，成熟时黑色。花和果实的形态特征同原变种。花期7—8月，果期8—10月。

生于海滩和林缘。

果实供药用，具疏风、祛湿、消肿和止痛的功效。

单叶蔓荆抗逆性强，耐瘠薄，花叶俱美，可用作盆栽或地被。

杜虹花

拉丁学名：*Callicarpa formosana* Rolfe

科名：马鞭草科（Verbenaceae）　属名：紫珠属

灌木，高1～3m；小枝、叶柄和花序均密被灰黄色星状毛和分枝毛。叶片纸质，卵状椭圆形或椭圆形，稀宽卵形，长6～15cm，宽3～8cm，边缘有细锯齿，表面被短硬毛，背面被灰黄色星状毛和黄色腺点；叶柄粗壮，长1～2.5cm。花序聚伞状，4～5次分歧；花萼杯状，被灰黄色星状毛，具腺点；花冠紫色或粉色，无毛。果实近球形，紫色，直径2～2.5mm。花期5—7月，果期8—11月。

生于疏林、灌丛或林缘。

叶可药用，具散瘀消肿、止血镇痛和祛湿等功效。

杜虹花株形优美，花果俱佳，可用于园林绿化或庭院栽培。

毛茛科 Ranunculaceae

华东唐松草

拉丁学名：*Thalictrum fortunei* S. Moore

科名：毛茛科（Ranunculaceae）　　属名：唐松草属

多年生草本，高20～60cm。茎自下部或中部分枝，无毛。叶二回至三回三出复叶，基生叶和下部茎生叶有长柄；小叶草质，下面粉绿色，顶生小叶近圆形，直径约1.5cm，顶端圆，基部圆或浅心形，边缘具浅圆齿，脉网明显；叶柄纤细，有纵槽，长约6cm，基部具短鞘，托叶为膜质。复单歧聚伞花序，排列成圆锥状；萼片花瓣状，白色或淡紫色，倒卵形。瘦果无柄或有柄，圆柱状长圆形。花期3—5月，果期5—7月。

生于林下、岩石缝隙。

全草入药，具清热、解毒、祛湿和消肿的功效。

女 萎

拉丁学名：*Clematis apiifolia* DC.

科名：毛茛科（Ranunculaceae）　属名：铁线莲属

木质藤本，长可达4m。茎、小枝、花序梗和花梗密生贴伏短柔毛。叶为三出复叶，长2～15cm，宽2～8cm；叶柄长2～5cm；小叶片卵形或宽卵形，3浅裂，但不明显，边缘具锯齿。圆锥状聚伞花序，多花；萼片花瓣状，4枚，白色，狭倒卵形；雄蕊多数，无毛。瘦果纺锤形或狭卵形，长3～5mm，先端渐尖，花柱宿存，长1～1.5cm。花期7—9月，果期9—10月。

生于林缘、灌丛。

根、茎或全株可入药，具消炎、消肿、利尿和通乳功效。

柱果铁线莲

拉丁学名：*Clematis uncinata* Champ.

科名：毛茛科（Ranunculaceae）　　属名：铁线莲属

多年生常绿藤本，长可达5m。茎圆柱形，无毛，具纵条纹。叶为复叶，一至二回羽状，小叶5～15枚；小叶片纸质或薄革质，宽卵形、卵形、长圆状卵形或卵状披针形，长3～13cm，宽1.5～8cm，顶端渐尖至锐尖，基部圆形或宽楔形，全缘，上面亮绿，下面灰绿，略被白粉。圆锥状聚伞花序，腋生或顶生；萼片花瓣状，4枚，白色，线状披针形至倒披针形；无花瓣；雄蕊无毛。瘦果圆柱状钻形，干后变黑，花柱宿存，长1～2cm。花期6—7月，果期7—9月。

生于山坡、灌丛或林缘。

根可入药，具祛风、除湿、舒筋活络和镇痛功效。柱果铁线莲四季常绿，叶形优美，花色洁白，可用作攀援绿化。

茅膏菜科 Droseraceae

光萼茅膏菜

拉丁学名：*Drosera peltata* Smith var. *glabrata* Y. Z. Ruan

科名：茅膏菜科（Droseraceae）　属名：茅膏菜属

多年生草本，高10～30cm。球茎具鳞茎，直径1～8mm；茎直立，浅绿色，紫色汁液。叶基生和茎生，基生叶密集，排成近一轮，退化基生叶线状钻形，长约2mm；不退化基生叶圆形或扁圆形，叶柄长2～8mm，叶片长2～4mm；茎生叶稀疏，盾状，互生，半月形或半圆形，叶缘具头状黏腺毛，背面无毛。蝎尾状聚伞花序，分枝或不分枝，具花3～22朵；花梗长6～20mm；花萼长约4mm，5～7裂；花瓣白色、淡红色或红色，基部有黑点或无。蒴果长2～4mm，3～5裂。种子椭圆形、卵形或球形。花期4—5月，果期5—6月。

生于山坡、草丛、灌丛和疏林。

茅膏菜有药用价值，具祛风、止痛、活血和解毒等功效。

木兰科 Magnoliaceae

南五味子

拉丁学名：*Kadsura longipedunculata* Finet et Gagnep.

科名：木兰科（Magnoliaceae）　　属名：南五味子属

常绿藤本，长2～5m。单叶，革质或近革质，椭圆形、长圆状披针形、倒卵状披针形或卵状长圆形，长5～13cm，宽2～6cm，先端渐尖，基部楔形，边有疏齿，具5～7条侧脉；叶柄长0.6～2.5cm。花单生于叶腋，雌雄异株，花被片白色或淡黄色；雄蕊群球形，雄蕊多数；雌蕊群椭圆体形或球形，直径约1cm；花梗细长，长3～15cm。聚合果球形，径1.5～3.5cm，幼时绿色，成熟时深红色或紫色；浆果倒卵圆形，外果皮薄革质。种子肾形或肾状椭圆体形。花期6—9月，果期9—12月。

生于山坡、灌丛或林缘。

根、茎、叶和种子均可入药，有收敛、生津、益气和补肾等功效。南无叶子四季常绿，果形奇特，可用作盆栽或攀援栽培。

木麻黄科 Casuarinaceae

木麻黄

拉丁学名：*Casuarina equisetifolia* L.

科名：木麻黄科（Casuarinaceae）　属名：木麻黄属

常绿乔木，高达30m，胸径可达1m。树干通直，树皮不规则纵裂，深褐色。幼枝红褐色或赭红色，节密生，节间长4～9mm，节易抽离；小枝灰绿色，纤细，直径约0.8mm，柔软，下垂，枝上具沟槽及棱。叶片退化，鳞片状，披针形或狭三角形。花雌雄同株或异株，雄花序顶生或侧生；雌花序通常顶生。果序侧生，椭圆形，幼果被灰绿色或黄褐色茸毛；小苞片木质，阔卵形；小坚果连翅长4～7mm，宽2～3mm。花期4—6月，果期7—11月。

为栽培种，生于海滩、密林或林缘。

木麻黄植株高大挺拔，花形奇特，可用作行道树或成片栽植。

木通科 Lardizabalaceae

日本野木瓜

拉丁学名：*Stauntonia hexaphylla* (Thunb. ex Murray) Decne.

科名：木通科（Lardizabalaceae）　属名：野木瓜属

常绿藤本，长4～12m。叶互生，革质，具长叶柄，掌状复叶，小叶5～7枚；叶片椭圆形，先端尖，基部圆或钝，全缘，主脉3条，支脉清晰可见。总状花序或伞房花序，腋生，花3～7朵，白色，有时带红紫色；雌雄同株，雌花较雄花少，萼片6枚，无花瓣，雌花有3枚心皮；浆果卵圆形，长约5cm，果肉白色，种子多数。

生于林缘、灌丛或山坡。

日本野木瓜四季常绿，叶片硕大，果形奇特，可用作盆栽或攀援绿化。果肉有甜味，可食用。

木犀科 Oleaceae

日本女贞

拉丁学名：*Ligustrum japonicum* Thunb.

科名：木犀科（Oleaceae）　属名：女贞属

常绿灌木或小乔木，高3～6m。幼枝灰褐色或淡灰色，圆柱形，具柔毛。叶对生，厚革质，椭圆形或宽卵状椭圆形，稀卵形，长4～10cm，宽2.5～5cm，先端锐尖或渐尖，基部楔形、宽楔形或圆形，两面无毛，侧脉4～7对。圆锥花序塔形，顶生，无毛，长5～18cm；花序轴和分枝轴具棱；花萼钟形，先端近截形或具不规则齿裂；花冠白色，长5～6mm；雄蕊伸出花冠管外，花药长圆形。核果椭圆形或长圆形，成熟时黑色，密被白粉。花期6月，果期11月。

生于山坡、林缘或灌丛，岛上偶见栽培。

日本女贞四季常绿，枝繁叶茂，花色洁白有清香，可用于庭院绿化。

华素馨

拉丁学名：*Jasminum sinense* Hemsl.

科名：木犀科（Oleaceae）　属名：素馨属

常绿缠绕藤本，长1～8m。小枝圆柱形，淡褐色、褐色或紫色，幼时密被黄色柔毛。叶对生，三出复叶，纸质，全缘；叶片卵形、宽卵形或卵状披针形，先端钝、锐尖至渐尖，基部圆形或圆楔形，叶缘略反卷，两面被黄色柔毛，老时上面柔毛脱落，羽状脉；顶生小叶片较大，小叶柄短。聚伞花序，排列成圆锥状，顶生或腋生；花萼被柔毛，裂片线形或尖三角形；花冠白色或淡黄色，具清香，高脚碟状，花冠管细长。浆果宽椭圆形、长圆形或近球形，幼时绿色，有光泽，成熟时变黑色。花期6—9月，果期10—11月。

生于山坡、路旁、灌丛或疏林。

花、叶和根药用，具祛风除湿、疏肝理气、止痛和解忧等功效。华素馨四季常绿，花洁白美丽，并具清香，可用于盆栽、棚架绿化等。

葡萄科 Vitaceae

蘡 薁

拉丁学名：*Vitis bryoniifolia* Bunge

科名：葡萄科（Vitaceae） 属名：葡萄属

木质藤本，长1～3m。小枝圆柱形，有棱纹，可条状剥落；嫩枝密被锈色柔毛，后渐脱落。卷须分枝或不分枝，与叶对生。叶宽卵形或长圆卵形，长3～9cm，宽2～5cm，叶片深裂或浅裂，3～5裂，上面疏生短柔毛，下面被柔毛，锈色。花序圆锥状，与叶对生，长4～10cm，花序轴与分枝具锈色柔毛；花蕾倒卵椭圆形或近球形；花瓣和雄蕊均为5枚，花药黄色，椭圆形。浆果球形，成熟时紫红色；种子倒卵形，基部有短喙。花期4—7月，果期6—10月。

生于路旁、灌丛或山坡。

全株可药用，具祛风去湿和消肿止痛等功效。果实可食用，也可用于酿酒。

乌蔹莓

拉丁学名：*Cayratia japonica* (Thunb.) Gagnep.

科名：葡萄科（Vitaceae）　属名：乌蔹莓属

多年生草质藤本，长1～4m。小枝圆柱形，幼枝绿色，具短柔毛，后脱落。卷须与叶对生，2～3叉分枝，相隔2节间断与叶对生。鸟足状复叶，小叶5枚，中央小叶长椭圆形或椭圆披针形，侧生小叶椭圆形或长椭圆形，边缘每侧具锯齿，上面绿色，无毛，下面浅绿色，无毛或被微被毛。花序复二歧聚伞，腋生；花蕾卵圆形，直径1～2mm；花瓣4枚，三角状卵圆形；雄蕊4枚，花药卵圆形，花盘4浅裂；果实近球形，直径0.8～1cm；种子三角状倒卵形，成熟时黑色。花期4—8月，果期8—11月。

生于山坡、路旁、灌丛或疏林。

全草可入药，有凉血解毒和利尿消肿等功效。

漆树科 Anacardiaceae

盐肤木

拉丁学名：*Rhus chinensis* Mill.

科名：漆树科（Anacardiaceae）　　属名：盐肤木属

落叶小乔木或灌木，高2～10m。小枝棕褐色，密被锈色柔毛，枝上有皮孔。奇数羽状复叶，5～13枚，小叶自下而上逐渐增大，叶轴和叶柄密通常有叶状翅；小叶卵形至卵状长卵形，长6～12cm，宽3～7cm，叶面暗绿，叶背粉绿，被锈色柔毛；小叶无柄或近无柄。圆锥花序，分枝众多，雄花序长，雌花序较短，密被锈色柔毛；花白色，花梗长约1mm，被微柔毛；花瓣倒卵状长圆形，花时向外反卷；雌花花瓣椭圆状卵形，边缘具细睫毛。核果球形，成熟时红色。花期8—9月，果期9—10月。

生于林缘、山坡或灌丛。

为五倍子芽寄主，虫瘿可药用。根、叶、花及果均供药用，具清热解毒、散瘀止血等功效。

茜草科 Rubiaceae

肉叶耳草

拉丁学名：*Hedyotis coreana* Levl.

科名：茜草科（Rubiaceae）　　属名：耳草属

一年生肉质草本，高10～20cm。多分枝，近丛生状，枝具棱，节间短。叶无柄，叶片肉质，肥厚，长圆状倒卵形或长圆形，长1～2cm，宽4～8mm，顶端短尖；侧脉不明显；托叶阔三角形，基部合生。花序聚伞状，排成圆锥花序，有花3～8朵，顶生或腋生，总花梗长约8mm；萼管陀螺形，萼檐裂，裂片三角形，长约1mm；花冠白色，较小。蒴果倒卵状扁球形。种子多数，细小，黑褐色。花期8—9月，果期10—11月。

生于沙滩、岩石缝隙。

肉叶耳草叶片肥厚，耐旱性强，花朵洁白，可用于盆栽观赏。

滨海鸡矢藤

拉丁学名：*Paederia scandens* var. *maritima* (Koidz.) Hara

科名：茜草科（Rubiaceae）　　属名：鸡矢藤属

藤本，长3～5m。叶对生，叶片纸质或近革质，卵形、卵状长圆形至披针形；叶片长5～11cm，宽2～6cm，顶端急尖或渐尖，基部楔形或近圆或截平，两面无毛或近无毛，上面有光泽；叶柄长2～7cm；托叶长3～5mm。圆锥花序，排成聚伞花序，腋生或顶生；小苞片披针形；花梗短或无；萼檐开裂，裂片5枚，三角形；花冠浅紫色，外面密被柔毛，里面被长绒毛。果球形，成熟时黄色，有光泽。花期5—7月，果期7—11月。

生于山坡、林缘或灌丛。

滨海鸡矢藤具较好的观赏价值，花朵成串，叶色光亮，可用于棚架绿化或盆栽。

栀　子

拉丁学名：*Gardenia jasminoides* Ellis

科名：茜草科（Rubiaceae）　属名：栀子属

常绿灌木，高0.3～3m，直立或匍匐状。枝圆柱形，灰褐，嫩枝被短毛。叶对生，偶见3叶轮生，叶片革质，长圆状披针形、倒卵状长圆形、倒卵形、长椭圆形或椭圆形，长3～15cm，宽1～8cm，两面常无毛，上面亮绿，下面暗绿；托叶鞘状，膜质。花通常单生于枝顶；萼管倒圆锥形或卵形，萼檐管形，裂片披针形或线状披针形；花冠白色，后变黄色，高脚碟状。果卵形、近球形、椭圆形或长圆形，有翅状纵棱，幼时绿色，成熟时黄色或橙红色；种子多数，近圆形。花期5—7月，果期6—12月。

生于山坡、灌丛或石缝。

果实、叶、花和根可作药用，具清热利尿、泻火和凉血解毒等功效。栀子叶片四季常绿，花洁白具清香，能匍匐生长，可用于制作盆景或庭院栽培。

蔷薇科 Rosaceae

光叶蔷薇

拉丁学名：*Rosa wichuraiana* Crep.

科名：蔷薇科（Rosaceae）　属名：蔷薇属

攀援灌木，枝条平卧，长3～6m。小枝圆柱形，褐色，幼时具柔毛，后脱落；茎上有皮刺，常带紫红色，稍弯曲。小叶5～7枚，稀9枚，小叶片椭圆形、卵形或倒卵形，长1～3cm，宽7～15mm，先端圆钝或急尖，边缘有疏锯齿，上面暗绿，有光泽，下面淡绿，中脉突起，两面均无毛；托叶大部贴生，边缘有不规则裂齿和腺毛。伞房状花序，顶生；花直径2～3cm，花瓣白色，有香味，倒卵形，先端圆钝，基部楔形。果实球形或近球形，紫黑褐色，有光泽。花期5—8月，果期10—11月。

生于山坡或灌丛。

光叶蔷薇耐贫瘠，长势强健，花具浓香，可用于棚架、护坡栽植。

厚叶石斑木

拉丁学名：*Rhaphiolepis umbellata* (Thunb.) Makino

科名：蔷薇科（Rosaceae）　属名：石斑木属

常绿灌木或小乔木，高可达4m。枝粗壮，幼时具褐色柔毛，后脱落。单叶互生，叶片厚革质，长椭圆形、卵形或倒卵形，长4～10cm，宽2～4cm，全缘或有疏生钝锯齿，边缘向后略反卷，上面深绿，稍有光泽，下面淡绿，网脉明显。圆锥花序，顶生，直立，密生柔毛；萼片三角形至窄卵形；花瓣白色，倒卵形。梨果球形，黑紫色带白霜，内有种子1粒。

生于山坡、灌丛或林缘。

厚叶石斑木四季常绿，叶片肥厚，较耐旱，可用于庭院栽培。

圆叶小石积

拉丁学名：*Osteomeles subrotunda* K. Koch

科名：蔷薇科（Rosaceae）　属名：小石积属

常绿灌木，高约2m，常匍匐生长。分枝较多，密集生长；小枝细弱，韧度大，幼时密被长柔毛，后脱落，老枝灰褐色，无毛。奇数羽状复叶，叶片革质，小叶通常5～8对，对生，近圆形或倒卵状长圆形，长4～6mm，宽2～3mm，全缘，边缘向后卷，上面有光泽，具长柔毛，下面密被灰白色丝状长柔毛；托叶披针形，早落。伞房花序，顶生；花直径约1cm，萼筒钟状，萼片三角状披针形，花瓣近圆形，白色。果实近球形，幼时绿色，后变红，成熟时黑色。花期4—6月，果期7—9月。

生于山坡、路旁、草丛或灌丛。

圆叶小石积枝繁叶茂，叶片常绿，可用作地被或盆景。

高粱泡

拉丁学名：*Rubus lambertianus* Ser.

科名：蔷薇科（Rosaceae）　属名：悬钩子属

蔓状灌木，高1～4m。幼枝被柔毛或近无毛，具稍弯小皮刺。单叶，互生，宽卵形或长圆状卵形，长5～12cm，宽4～8cm，顶端渐尖，基部心形；叶柄长2～5cm，具细柔毛或近无毛，有小皮刺；托叶离生，深裂，具柔毛或无。圆锥花序，顶生，通常排列成总状，有时腋生；总花梗、花梗和花萼均被细柔毛；花小，直径4～8mm；花瓣倒卵形，白色，无毛。果实近球形，无毛，成熟时黄色或红色。花期7—8月，果期9—11月。

生于山坡、灌木或路旁。

根、叶和种子可药用，有清热、散瘀和止血的功效。果实可直接食用，也可以加工成果脯。

茅　莓

拉丁学名：*Rubus parvifolius* L.

科名：蔷薇科（Rosaceae）　属名：悬钩子属

落叶灌木，高1～2m。枝被柔毛和稀疏钩状皮刺。小叶3枚，偶有5枚，菱状圆形、倒卵形或宽倒卵形，上面伏生疏柔毛，下面被灰白色绒毛，边缘粗锯齿或缺刻状粗重锯齿；叶柄长2.5～5cm，被柔毛和稀疏小皮刺；托叶线形，长5～7mm，具柔毛。伞房花序，顶生或腋生，花多数，直径0.8～1cm，花瓣卵圆形或长圆形，粉红至紫红色。果实卵球形，红色。花期5—6月，果期7—8月。

生于山坡、疏林或路旁。

全株可入药，有止痛、活血、祛风、去湿和解毒功效。

蓬　蘽

拉丁学名：*Rubus hirsutus* Thunb.

科名：蔷薇科（Rosaceae）　　属名：悬钩子属

半常绿灌木，高0.5～2m。枝红褐色或褐色，被柔毛和腺毛，散生皮刺。奇数羽状复叶，小叶3～5枚，卵形或宽卵形，长3～7cm，宽2～3.5cm，顶端急尖，两面疏生柔毛，边缘具尖锐重锯齿；叶柄具柔毛和腺毛，疏生皮刺。花单生于侧枝顶端，偶见腋生，花梗具柔毛和腺毛，偶见皮刺；花大，直径3～4cm，花瓣倒卵形或近圆形，白色。果实近球形，无毛。花期4—5月，果期5—7月。

生于山坡、林缘或草地。

全株和根入药，具消炎解毒、清热镇惊、活血和祛湿等功效。果实可食用，也可用于酿酒。

毛柱郁李

拉丁学名：*Cerasus pogonostyla* (Maxim.) Yü et Li

科名：蔷薇科（Rosaceae）　　属名：樱属

灌木或小乔木，高0.5～2m。小枝灰色，嫩枝绿色，被柔毛或无毛。单叶，互生，叶片卵形、卵状椭圆形或倒卵状椭圆形，长2.5～4.5cm，宽1～2.5cm，先端短渐尖或圆钝，叶缘具锯齿，齿端有小腺体，上面几无毛，下面被短柔毛；叶柄长2～4mm，被稀疏短柔毛；托叶线形，边有腺体。花单生或双生，花梗长8～10mm，被稀疏短柔毛；花瓣粉红色，倒卵形或椭圆形。核果椭圆形或近球形，核表面光滑。花期3月，果期5月。

生于山坡或灌丛。

毛柱郁李具有较好的观赏价值，可用于庭院栽培或公园绿化。

茄科 Solanaceae

枸　杞

拉丁学名：*Lycium chinense* Miller

科名：茄科（Solanaceae）　　属名：枸杞属

落叶灌木，高0.5～2m。枝条细长，多分枝，浅灰色，有纵条纹，具棘刺，生于叶腋或枝顶。单叶，互生或簇生，叶片纸质，卵形、卵状菱形、长椭圆形或卵状披针形，顶端急尖，基部楔形，全缘；叶柄长0.4～1cm。花单生或双生于叶腋，在短枝上则与叶簇生；花梗长1～2cm；花萼3中裂或4～5齿裂，裂片具缘毛；花冠漏斗状，淡紫色，5深裂，裂片卵形，平展或稍向后反曲。浆果红色，卵形或长椭圆状卵形。种子扁平，黄色。花期6—9月，果期7—11月。

生于山坡、荒地、路旁或灌丛，岛上偶见栽培。

果实和根可药用，有清热止咳的功效。嫩叶和嫩枝可作蔬菜。

白 英

拉丁学名：*Solanum lyratum* Thunb.

科名：茄科（Solanaceae）　　属名：茄属

多年生草质藤本，长0.5～1.2m。单叶，互生，琴形或卵状披针形，长3～5.5cm，宽2.5～6cm，3～5深裂，裂片全缘，中裂片较大，通常卵形，两面均被白色长柔毛；叶柄长1～3cm，被长柔毛。聚伞花序，顶生或腋生，总花梗具长柔毛，花梗长0.8～1.5cm，无毛；花冠蓝紫色或白色，冠檐5深裂，裂片椭圆状披针形，长3.5～4.5mm。浆果球状，成熟时红色。种子近盘状，扁平。花期7—8月，果熟10—11月。

生于灌丛、路旁或山坡，岛上偶见栽培。

全草入药，具清热、利湿、解毒和祛风等功效。

北美刺龙葵

拉丁学名：*Solanum carolinense* L.

科名：茄科（Solanaceae）　属名：茄属

多年生草本，高可达100cm；根粗壮。茎直立，具松散分枝，茎具浅黄色的利刺，披星状短绒毛；单叶，叶互生，叶片卵形至长圆形，具不规则波状齿，叶两面被星状短毛。圆锥花序，花梗具利刺，萼裂片无刺；花冠紫色或白色，5裂，裂片镊合状排列。浆果球状，略扁平，淡橙色或黄色，无毛；种子倒卵形，扁平，浅黄色。花期7—9月，果期8—11月。

生于山坡、灌丛或沟边。

北美刺龙葵繁殖能力强，适应性广，是一种外来有害植物。

忍冬科 Caprifoliaceae

日本荚蒾

拉丁学名：*Viburnum japonicum* (Thunb.) C.K. Spreng.

科名：忍冬科（Caprifoliaceae）　　属名：荚蒾属

常绿灌木或小乔木，高可达5m。嫩枝柔软，略带紫色；单叶，对生，薄革质，卵形、近圆形或宽倒卵形，基部宽楔形或圆形，前端短尾尖或钝；两面无毛，上面亮绿，有光泽，背面浅绿，叶脉凸出明显。复聚伞序，顶生，5～6分歧；花密集，花冠白色；萼片5枚，三角状卵形；花瓣5深裂，裂片长圆形。果实幼时绿色，成熟时为红色。花期4—5月，果期9—10月。

生于林缘、山坡或密林，常被攀援植物覆盖。

日本荚蒾植株高大，株形紧凑，叶色常绿，花朵洁白，可用于庭院栽培或片植。该植物数量稀少，目前亟待保护。

珊瑚树

拉丁学名：*Viburnum odoratissimum* ker. -Gawl.

科名：忍冬科（Caprifoliaceae）　属名：荚蒾属

常绿灌木或小乔木，高达15m。枝灰色或灰褐色，具皮孔，无毛或被褐色簇状毛。叶对生，单叶，叶片革质，椭圆形、矩圆形、矩圆状倒卵形或倒卵形，部分叶片近圆形，长7～25cm，顶端短尖至渐尖，基部宽楔形，上面深绿色，有光泽，两面无毛或脉上散生簇状微毛，下面有时散生暗红色腺点。圆锥花序，顶生或生于侧生短枝上；总花梗长可达10cm，扁平，有淡黄色瘤状突起；花芳香，通常生于序轴的第二至第三级分枝上；花冠白色，后变黄白色。果实幼时绿色，后变为红色，最后成黑色；核卵状椭圆形，浑圆。花期4—5月，果熟期7—9月。

生于山坡或灌丛，岛上偶见栽培。

珊瑚树四季常绿，花色洁白，果实垂挂，可用作绿篱或庭院栽培。

忍　冬

拉丁学名：*Lonicera japonica* Thunb.

科名：忍冬科（Caprifoliaceae）　　属名：忍冬属

半常绿木质藤本，长可达5m。幼枝暗红褐色，密被黄褐色糙毛和腺毛，下部常无毛。单叶，对生，叶片纸质，卵形至矩圆状卵形，稀圆卵形或倒卵形，长3～5cm，基部圆形或近心形，有糙缘毛，上面深绿色，下面淡绿色，上部叶均密被短糙毛，下部叶平滑无毛；叶柄长4～8mm，密被短柔毛。苞片大，叶状，卵形至椭圆形；花冠白色或浅红色，后变黄色，唇形，上唇裂片顶端钝形，下唇带状反曲。果实圆形，熟时蓝黑色，有光泽。种子卵圆形或椭圆形，褐色。花期4—6月，果期8—11月。

生于山坡、灌丛或疏林，岛上偶见栽培。

花可入药，具清热解毒、消炎去肿等功效。忍冬花期长，具清香，可用于园林美化或制作盆景。

瑞香科 Thymelaeaceae

了哥王

拉丁学名：*Wikstroemia indica* (L.) C. A. Mey.

科名：瑞香科（Thymelaeaceae）　　属名：荛花属

落叶灌木，高0.5～2m。根粗壮，淡黄色。小枝红褐色或紫褐色，常无毛。单叶，对生，叶片纸质至近革质，倒卵形、椭圆状长圆形或披针形，长2～5cm，宽0.5～1.5cm；叶柄短或无。总状花序，顶生，花序梗长5～10mm，无毛；花黄绿色，无毛，裂片4枚；子房倒卵形或椭圆形，无毛或在顶端被疏柔毛，柱头头状。果椭圆形，成熟时红色至暗紫色。花期5—10月，果期6—11月。

生于路边、灌丛或岩石缝隙。

全株有毒；根或根皮可药用，具有清热解毒、利尿散结和消炎等功效。

伞形科 Umbelliferae

福　参

拉丁学名：*Angelica morii* Hayata

科名：伞形科（Umbelliferae）　属名：当归属

多年生草本，高50～100cm。根圆锥形，弯斜，有分枝，棕褐色。茎直立，基生叶和茎生叶叶柄基部膨大成叶鞘，抱茎；叶片二回三出羽状复叶，长7～20cm，宽12～17cm。复伞形花序，花序梗长5～10cm，有短柔毛；伞辐10～20枚；小总苞片5～8枚，线状披针形；花瓣黄白色，长卵形，无毛，有一条明显中脉；花柱基短圆锥形。果实长卵形，无毛。花期4—5月，果期5—6月。

生于山坡、灌丛或石缝。

根可入药，有补中益气的功效。

短毛独活

拉丁学名：*Heracleum moellendorffii* Hance

科名：伞形科（Umbelliferae）　　属名：独活属

多年生草本，高1～2.5m。根圆锥形，粗大，多分枝。茎直立，有明显的棱槽，上部多分枝。叶有柄，长10～30cm；叶片宽卵形，三出式羽状分裂，裂片广卵形至圆形、心形，边缘具粗大的锯齿；茎上部叶有显著宽展的叶鞘。复伞形花序，顶生和侧生，花序梗长4～15cm；总苞片线状披针形；花瓣白色，二型；花柱基短圆锥形，花柱叉开。分生果长圆状倒卵形，顶端凹陷，背部扁平。花期7月，果期8—10月。

生于路旁、山沟、林缘或草丛。

根可入药，具祛风、除湿和止痛的功效。嫩叶和嫩枝可食用。

积雪草

拉丁学名：*Centella asiatica* (L.) Urban

科名：伞形科（Umbelliferae）　　属名：积雪草属

多年生匍匐草本，茎细长，长可达1m。节上生不定根。单叶，叶片膜质至草质，圆形、肾形或马蹄形，长1～2.8cm，宽1.5～5cm，边缘具钝锯齿，基部阔心形，两面无毛或在背面脉上疏生柔毛；掌状脉，脉上部分叉。伞形花序，腋生，长0.2～1.5cm，有毛或无毛；苞片通常2枚，卵形，膜质；每一伞形花序有花3～4朵，聚集呈头状；花瓣卵形，紫红色或乳白色，膜质。果实圆球形，基部心形至平截形。花果期4—10月。

生于路旁、水边或山坡。

全草入药，具清热利湿、消肿解毒等功效。

滨海前胡

拉丁学名：*Peucedanum japonicum* Thunb.

科名：伞形科（Umbelliferae）　　属名：前胡属

多年生粗壮草本，高可达1.2m。茎圆柱形，曲折，直径1～2cm，有粗条纹，无毛。叶片宽大，质厚，一至二回三出式分裂；基生叶具长柄，叶柄长4～5cm，具宽阔叶鞘抱茎，边缘耳状膜质；两面无毛，粉绿色，网脉清晰。伞形花序，总苞片2～3枚，有时无，卵状披针形至线状披针形；花瓣紫色或白色，卵形至倒卵形。果实长圆状卵形至椭圆形，背部扁压，有短硬毛。花期6—7月，果期8—9月。

生于山坡、草地和岩石缝隙。

根可药用，具有疏散风热和降气化痰的功效。

桑科 Moraceae

构 树

拉丁学名：*Broussonetia papyrifera* (L.) L'Hér. ex Vent.

科名：桑科（Moraceae）　　属名：构属

落叶乔木，高10～20m；树皮灰色。单叶，互生，广卵形至长椭圆状卵形，长6～18cm，宽5～10cm，先端渐尖，基部心形，两侧常不相等，边缘具粗锯齿，不分裂或3～5裂，表面粗糙，疏生糙毛，背面密被绒毛；托叶卵形，狭渐尖。花雌雄异株；雄花序为柔荑花序，粗壮，长3～8cm；雌花序球形头状，花被管状，顶端与花柱紧贴。聚花果橙红色，肉质。花期4—5月，果期6—7月。

生于山坡、灌丛和疏林。

果实、根和皮可供药用，具补肾、利尿、强筋和明目等功效。构树富含韧皮纤维，可用于造纸或纺绳。

爱玉子

拉丁学名：*Ficus pumila* L. var. *awkeotsang* (Makino) Corner

科名：桑科（Moraceae）　属名：榕属

攀援或匍匐灌木，长可达20m。枝条粗壮，常有不定根发生。单叶，互生，叶片革质，卵状椭圆形，长4～12cm，宽3～5cm，背面密被锈色柔毛。隐头花序，榕果长圆形，长6～8cm，直径3～4cm，表面被柔毛，顶部渐尖，脐部凸起。

生于岩石、崖壁或攀附于树干。

果实可食用。

笔管榕

拉丁学名：*Ficus superba* Miq. var. *japonica* Miq.

科名：桑科（ Moraceae ）　　属名：榕属

落叶乔木，高10～25m。有板根和气根。树皮黑褐色，小枝淡红色，无毛。单叶互生或簇生，叶片近纸质，无毛，椭圆形至长圆形，长10～15cm，宽4～6cm，叶缘全缘或微波状；叶柄长3～7cm，带红色，近无毛；托叶膜质，微被柔毛，披针形，早落。榕果单生或成对或簇生于叶腋或无叶枝上，扁球形，粉色，成熟时紫黑色。花期4—6月，果期6至翌年3月。

生于山坡、灌丛或岩石缝隙。

笔管榕新叶红褐色，果实密集，可用于庭院栽培。

薜荔

拉丁学名：*Ficus pumila* L.

科名：桑科（Moraceae）　属名：榕属

常绿攀援或匍匐灌木，长可达20m。幼时有大量不定根，攀附岩石或树干生长；单叶，互生，营养叶较小，薄革质，卵状心形，长约2.5cm，先端渐尖，叶柄很短；结果枝上通常无不定根，叶片革质，卵状椭圆形，长5～10cm，宽2～3.5cm，先端急尖至钝形，基部圆形至浅心形，全缘，网脉3～4对。榕果单生于叶腋，瘿花果梨形，雌花果近球形，长4～8cm，直径3～5cm，顶部平，或略凸起。花果期5—8月。

生于岩石、山坡或灌丛。

果实、藤和叶均可药用，有壮阳固精、止血和下乳等功效。果实是凉粉的来源。

矮小天仙果

拉丁学名：*Ficus erecta* Thunb.

科名：桑科（Moraceae）　　属名：榕属

落叶小乔木或灌木，高2～7m；树皮灰褐色。小枝红褐色，密生硬毛。单叶，互生，厚纸质，倒卵状椭圆形或菱状长圆形，长6～20cm，宽3～9cm，先端短渐尖，基部圆形至浅心形，全缘或上部偶有疏齿，表面较粗糙，两面均被柔毛；叶柄长1～6cm，具短硬毛。托叶三角状披针形，膜质，早落。榕果单生叶腋，球形或梨形，成熟时红色或紫红色。花期3—8月，果期5—11月。

生于山坡、灌丛、岩石缝隙或疏林。

果实可食；茎皮纤维可供造纸。

桑

拉丁学名：*Morus alba* L.

科名：桑科（Moraceae）　　属名：桑属

乔木或为灌木，高3～10m，胸径可达50cm。树皮厚，灰白色，具浅纵裂。小枝有细毛，具皮孔。单叶互生，叶卵形或广卵形，长5～15cm，宽5～12cm，基部圆形至浅心形，边缘锯齿粗钝，也有裂叶类型，表面鲜绿，无毛，背面沿脉有疏毛；叶柄长1.5～5.5cm，具柔毛。花单性，腋生或生于芽鳞腋内，与叶同发；雄花序下垂，长2～3.5cm，密被白色柔毛，雄花花被片宽椭圆形，淡绿色；雌花序长1～2cm，雌花无梗。聚花果卵状椭圆形，成熟时红色或紫黑色。花期4—5月，果期5—8月。

生于山坡、路边或灌丛。

根皮、果实及枝条可入药，有清热解毒、疏散风热和清肝明目等功效。桑果可食用，也可酿酒。

构　棘

拉丁学名：*Maclura cochinchinensis* (Loureir) Corner

科名：桑科（Moraceae）　　属名：橙桑属

直立或攀援状灌木，高可达8m。枝上着生粗壮的腋生刺，无叶，刺长约1cm。单叶互生，叶革质，椭圆状披针形或长圆形，长3～8cm，宽2～2.5cm，全缘，先端钝或短渐尖，两面无毛，上面有光泽；叶柄长约1cm。雌雄异株，雌雄花序均为具苞片的球形头状花序，每朵花具2～4个苞片，雄花序直径6～10mm，花被片4枚，雄蕊4枚。聚合果肉质，表面被微毛，成熟时橙红色或粉红色，核果卵圆形，光滑。花期4—5月，果期6—7月。

生于林缘、灌丛或山坡。

根皮和茎皮可药用，祛风、利湿、活血和通经的功效。

柘

拉丁学名：*Maclura tricuspidata* Carriere

科名：桑科（Moraceae）　属名：橙桑属

落叶灌木或小乔木，高可达10m；树皮灰褐色或浅灰色。小枝无毛，略具棱，有棘刺。单叶互生，叶卵形或菱状卵形，有时三裂，长2～14cm，宽2～6cm，先端渐尖，表面深绿色，有光泽，背面绿白色，无毛或有毛；叶柄长0.5～2cm，被微柔毛。雌雄异株，头状花序，球形，单生或成对腋生。聚花果近球形或球形，直径约2.5cm，肉质，成熟时橘红色或橙红色。花期5—6月，果期6—7月。

生于山坡、灌丛或荒地。

根皮药用，具清热凉血、疏经活络和调益脾胃等功效。

莎草科Cyperaceae

华克拉莎

拉丁学名：*Cladium chinense* Nees

科名：莎草科（Cyperaceae）　　属名：克拉莎属

多年生草本，具短匍匐根状茎。秆高1～2.5m，基部圆柱形，自基部分枝。叶片线形，革质，长60～100cm，宽0.8～1cm，边缘及背面中脉具细锯齿，叶舌缺。苞片叶状，具鞘，边缘及背面中脉具细锯齿；圆锥花序，长30～60cm，由5～8个伞房花序组成；小穗4～12个聚集；小头状花序直径4～7mm；小穗幼时为卵状披针形，成熟时为卵形或宽卵形，暗褐色。小坚果长圆状卵形，褐色，有光泽。花果期5—8月。

生于水沟边或常年积水处。

华克拉莎为大型草本植物，适应性强，可用于浅水区域的栽植。

滨海薹草

拉丁学名：*Carex bodinieri* Franch.

科名：莎草科（Cyperaceae）　　属名：薹草属

多年生草本，根状茎短，木质。丛生，高35～100cm，三棱形，平滑。叶多为基生叶，线形，长10～30cm，宽2～4mm，两面和边缘均粗糙；鞘短，常开裂至基部。小穗多数，常1～3个出自同一苞片鞘内，小穗排列成总状花序，排列疏松。小坚果紧包于果囊中，椭圆形，扁平凸状。花果期8—10月。

生于草丛、林下或岩石缝隙。

滨海薹草耐旱性好，四季常绿，可用于盆栽、片植或点缀假山。

山茶科 Theaceae

滨　柃

拉丁学名：*Eurya emarginata* (Thunb.) Makino

科名：山茶科（Theaceae）　　属名：柃木属

常绿灌木，高1～3m。嫩枝圆柱形，粗壮，红棕色，密被短柔毛；小枝灰褐色或红褐色，无毛或几无毛。叶厚革质，倒卵形、长椭圆状倒卵形或倒卵状披针形，长2～4cm，宽1～2cm，顶端圆而有微凹，基部楔形，边缘有细微锯齿，边缘稍向后反卷，上面绿，有光泽，下面浅绿，两面均无毛。花常1～2朵生于叶腋，花梗长约2mm。果实圆球形，直径3～4mm，幼时绿色，成熟时黑色。花期11—12月，果期次年6—8月。

生于山坡、灌丛或岩石缝隙。

滨柃耐瘠薄和干旱，四季常绿，叶形奇特，可用于园林绿化。

柃　木

拉丁学名：*Eurya japonica* Thunb.

科名：山茶科（Theaceae）　属名：柃木属

常绿灌木，高1～3.5m。嫩枝有棱，无毛，小枝灰褐色或褐色；顶芽披针形，长4～8mm，无毛。叶厚革质或革质，倒卵形、倒卵状椭圆形至长圆状椭圆形，长3～7cm，宽1.5～3cm，顶端圆钝，上面深绿色，有光泽，下面淡绿色，两面无毛；叶柄长2～3mm，无毛。花常1～3朵腋生，花梗长约2mm。花瓣5枚，白色，长圆状倒卵形。果实圆球形，无毛。花期10—11月，果期4—7月。

生于山坡、灌丛或路旁。

枝和叶可药用，有清热、消肿等功效。

木　荷

拉丁学名：*Schima superba* Gardn. et Champ.

科名：山茶科（Theaceae）　　属名：木荷属

常绿乔木，高达25m。树皮浅灰色，纵裂。枝暗褐色，皮孔明显。单叶互生，叶片革质或薄革质，卵状椭圆形至长椭圆形，长7～12cm，宽4～6cm，先端尖锐或钝，基部楔形，边缘有钝齿；叶柄长1～2cm。花单独腋生或聚于枝顶，直径3cm，白色。蒴果近扁球形，褐色，木质化。花期6—8月。

生于密林、灌丛或山坡。

木荷树干挺拔，四季常绿，花具芳香，可用于园林绿化。

山矾科 Symplocaceae

白 檀

拉丁学名：*Symplocos paniculata* (Thunb.) Miq.

科名：山矾科（Symplocaceae）　　属名：山矾属

落叶灌木或小乔木，高可达3m。上部分枝多，嫩枝具灰白色柔毛，后脱落。单叶互生，膜质或薄纸质，阔倒卵形、椭圆状倒卵形或卵形，长3～11cm，宽2～4cm，先端急尖或渐尖，边缘有细尖锯齿，叶面无毛或疏生柔毛，叶背通常有柔毛。圆锥花序，长5～8cm，花序轴具柔毛；花冠白色，长4～5mm，5深裂；雄蕊40～60枚，子房2室。核果卵状球形，成熟时蓝色或黑色。花期5—6月，果期8—11月。

生于山坡、路边、疏林或灌丛。

根、叶、花和种子可药用，具有清热解毒、调气散结和祛风止痒等功效。白檀枝繁叶盛，花期花香四溢，可用于庭院栽培。

商陆科 Phytolaccaceae

垂序商陆

拉丁学名：*Phytolacca americana* L.

科名：商陆科（Phytolaccaceae）　属名：商陆属

多年生草本，高1～2m。根粗壮，肉质，肥大，圆锥形。茎直立，圆柱形，通常带紫红色。单叶互生，叶片纸质，椭圆状卵形或卵状披针形，长8～20cm，宽4～10cm，顶端急尖，叶面光滑；叶柄长1～4cm。花序总状，顶生或侧生，长5～20cm；花白色，微带红晕，直径5～6mm。果序下垂；浆果扁球形，熟时紫黑色；种子肾圆形。花期6—8月，果期8—10月。

生于路旁、林缘或荒地。

根和叶供药用，有解热、止咳、利尿和消肿的功效。

省沽油科 Staphyleaceae

野鸦椿

拉丁学名：*Euscaphis japonica* (Thunb.) Dippel

科名：省沽油科（Staphyleaceae）　属名：野鸦椿属

落叶小乔木或灌木，高达8m。树皮灰褐色，具纵条纹。小枝无毛。叶对生，奇数羽状复叶，长12～32cm，小叶通常5～9片，厚纸质，长卵形、卵形或椭圆形，长4～9cm，宽2～5cm，边缘具疏短锯齿，齿尖有腺体，上面绿色，下面浅绿色。圆锥花序，顶生，长8～18cm；花密集，黄白色，直径4～5mm，萼片与花瓣均5枚。蓇葖果长0.5～2cm，果皮软革质，紫红色，有纵脉纹；种子近圆形，黑色，有光泽。花期5—6月，果期8—9月。

生于山坡、灌丛。

根和果可入药，有祛风和除湿的功效。野鸦椿有较好的观赏价值，可用于盆栽或片植。

十字花科 Brassicaceae

臭独行菜

拉丁学名：*Lepidium didymus* L.

科名：十字花科（Brassicaceae）　属名：独行菜属

一年或二年生匍匐草本，高5～30cm。主茎不明显，多分枝，无毛或有长单毛。叶为一回或二回羽状全裂，裂片3～5对，线形或窄长圆形，长4～8mm，宽0.5～1mm，全缘，两面均无毛；叶柄长5～8mm。花小，直径约1mm；萼片具白色膜质边缘；花瓣白色或黄绿色，长圆形，有时无花瓣。短角果肾形，果瓣半球形，有粗糙皱纹，成熟时开裂。种子肾形，红棕色。花期3月，果期4—5月。

生于山坡、路旁或荒地。

臭独行菜是一种常见杂草；全草药用，可用于治疗骨折。

蓝花子

拉丁学名：*Raphanus sativus* L. var. *raphanistroides* (Makino) Makino

科名：十字花科（Brassicaceae）　属名：萝卜属

二年或一年生草本，高20～120cm。具粗大直根，通常不膨大，在栽培情况下，会增粗。茎直立，具分枝，无毛，具粉霜。基生叶和下部茎生叶羽状分裂，长8～20cm，宽2～5cm；上部叶长圆形，有锯齿或近全缘。总状花序，顶生及腋生；花白色、紫色或粉红色，直径1.5～2cm；花瓣倒卵形，长1～2cm，有时具紫纹。长角果圆柱形，长2～4cm，宽6～8mm，稍革质，坚硬。种子卵形，微扁，红棕色或浅褐色。花期4—5月，果期5—7月。

生于海滩、山坡或路旁。

蓝花子可用作饲料；花色丰富，具较好的观赏价值，可成片栽植。

石蒜科 Amaryllidaceae

换锦花

拉丁学名：*Lycoris sprengeri* Comes ex Baker

科名：石蒜科（Amaryllidaceae）　属名：石蒜属

多年生草本植物。鳞茎卵形或椭圆形，直径约3.5cm。叶带状，长约30cm，宽0.5～1cm，绿色，顶端钝。花茎高约60cm；总苞片2枚，长约3.5cm，宽1～1.5cm；伞形花序，有花4～8朵；花淡紫红色，先端具裂片，裂片顶端常带蓝色，倒披针形，边缘不皱缩；雄蕊与花被近等长；花柱略伸出于花被外。蒴果具三棱，种子近球形，黑色。花期8—9月，果期9—11月。

生于草丛、岩石缝隙。

换锦花春天长叶，秋季开花，花和叶不相遇，具有较好的观赏价值，可成片栽植或用作花境。

水　仙

拉丁学名：*Narcissus tazetta* Linn. var. *chinensis* M. Roener

科名：石蒜科（Amaryllidaceae）　属名：水仙属

多年生草本植物，鳞茎卵球形。叶宽线形，扁平，长20～40cm，宽1～1.5cm，全缘，粉绿色。花茎与叶几乎等长；伞形花序，花4～8朵；佛焰苞状，总苞膜质，透明；花被管细，灰绿色，近三棱形，花被裂片6枚，卵圆形至阔椭圆形；花白色，具芳香；副花冠浅杯状，淡黄色，不皱缩；雄蕊6枚，子房3室；蒴果室背开裂。花期春季。

生于山坡、海滩或灌丛，岛上偶见栽培。

水仙具有较好的观赏价值，可用于盆栽、水培或片植。

石竹科 Caryophyllaceae

瞿 麦

拉丁学名：*Dianthus superbus* L.

科名：石竹科（Caryophyllaceae）　属名：石竹属

多年生草本，高50～60cm。茎丛生，直立或稍倾斜，绿色，无毛，上部分枝。基生叶丛生，线状披针形至披针形，长3～10cm，宽3～5mm，中脉明显，基部合生成鞘状；茎生叶对生，狭倒披针形至线状披针形。花1～3朵生于枝端，有时腋生；花萼圆筒形，长2.5～3cm，直径3～6mm，萼齿披针形；花瓣淡红色、带紫色或白色。蒴果圆筒形，种子扁卵圆形，黑色，有光泽。花期6—9月，果期8—10月。

生于疏林、林缘或石缝。

全草可入药，有清热、利尿和通经等功效。

西欧蝇子草

拉丁学名：*Silene gallica* L.

科名：石竹科（Caryophyllaceae）　　属名：蝇子草属

二年生草本，高15～30cm，全株被白色长硬毛或腺毛。茎直立，单一或丛生，多分枝。单叶对生，长1～3cm，宽3～8mm，略抱茎。总状聚伞花序，苞片叶状，线状披针形；萼筒卵形，具纵纹；花白色或粉红色；花梗长约5mm。蒴果卵形，成熟时顶端开裂。种子肾形，黑色。花期4—6月，果期5—9月。

生于草地、石缝或灌丛。

西欧蝇子草叶色碧绿，分枝众多，可用于片植或盆栽。

鹤　草

拉丁学名：*Silene fortunei* Vis.

科名：石竹科（Caryophyllaceae）　　属名：蝇子草属

多年生草本，高30～100cm。茎丛生，直立或上升，不分枝或分枝，茎部木质化，被短柔毛和腺毛。基生叶匙状披针形，茎生叶线状披针形，长1.5～6cm，宽1～10mm，顶端圆或钝，两面被柔毛和腺毛。聚伞花序，顶生；花梗长1～5mm；萼筒细管状，无毛；花瓣淡红色、紫红色或白色，爪倒披针形，无毛，无耳，瓣片全缘；雄蕊不外露或微外露，花丝下部具缘毛。蒴果卵形或长圆形，种子肾形，暗褐色。花期5—6月，果期6—7月。

生于草地、山坡或岩石缝隙。

蝇子草具有较好观赏价值，可盆栽，可片植。

鼠李科 Rhamnaceae

雀梅藤

拉丁学名：*Sageretia thea* (Osbeck) Johnst.

科名：鼠李科（Rhamnaceae）　　属名：雀梅藤属

藤状或直立灌木，高可达4m。小枝具刺，互生或近对生，被短柔毛，具棱。单叶近对生或互生，纸质，椭圆形、长圆形或卵状椭圆形，长1～4cm，宽0.7～2.5cm，基部圆形或近心形，边缘具细锯齿，上面绿色，无毛，下面浅绿色，无毛或沿脉被柔毛。花无梗，黄色，数个排成穗状或圆锥状穗状花序，顶生或腋生；花瓣匙形，顶端2浅裂，常内卷。核果近圆球形，幼时绿色，后转红，成熟时黑色或紫黑色。花期7—11月，果期翌年3—5月。

生于山坡、灌丛或路边。

叶可供药用，有清热解毒、降气化痰等功效。雀梅藤可用作绿篱或制作盆景。

马甲子

拉丁学名：*Paliurus ramosissimus* (Lour.) Poir.

科名：鼠李科（Rhamnaceae）　　属名：马甲子属

落叶灌木，高达6m。小枝褐色或深褐色，被短柔毛。单叶互生，纸质，叶片宽卵形，卵状椭圆形或近圆形，长3～6cm，宽2～5cm，稍偏斜，边缘具钝细锯齿或细锯齿，幼叶下面密生棕褐色细柔毛，后渐脱落，基生三出脉；叶柄长5～9mm，基部有2枚托叶刺，长0.5～1.5cm。聚伞花序，腋生，被黄色绒毛；萼片宽卵形；花瓣匙形，短于萼片。核果杯状，被黄褐色或棕褐色绒毛，成熟时坚硬；种子紫红色或红褐色，扁圆形。花期5—8月，果期9—10月。

生于灌丛、山坡。

根、枝、叶、花、果可供药用，有解毒消肿、止痛活血等功效。马甲子具一定的观赏价值，可用作绿篱或庭园绿化。

松科 Pinaceae

黑　松

拉丁学名：*Pinus thunbergii* Parl.

科名：松科（Pinaceae）　　属名：松属

常绿乔木，高达30m，胸径可达2m。幼树树皮暗灰色，老时灰黑色，块状分裂。叶为针叶，2针一束，深绿色，有光泽，粗硬，长6～12cm，边缘有细锯齿，背腹面均有气孔线。雄球花淡红褐色，圆柱形，聚生于新枝下部；雌球花单生或2～3个聚生于新枝近顶端，直立，卵圆形，淡紫红色或淡褐红色。球果幼时绿色，熟时褐色，圆锥状卵圆形或卵圆形，长4～6cm，径3～4cm；中部种鳞卵状椭圆形，鳞盾微肥厚；种子倒卵状椭圆形，灰褐色。花期4—5月。

生于山坡或石缝。

黑松四季常绿，耐逆性强，可用于造林或庭院栽培。

檀香科 Santalaceae

百蕊草

拉丁学名：*Thesium chinense* Turcz.

科名：檀香科（Santalaceae）　　属名：百蕊草属

多年生草本，半寄生，高15～40cm。茎直立或近直立，纤细，基部多分枝，有纵沟。单叶互生，线形，长1.5～3.5cm，宽0.5～1.5mm，顶端急尖或渐尖，具单脉，全缘。花单生于叶腋，两性，梗短或无；苞片1枚，线状披针形；花被绿白色，长2.5～3mm，花被管呈管状；雄蕊不外伸；子房无柄。坚果椭圆状，近球形或球形，淡绿色，表面隆起的网脉，顶端花被宿存，近球形；果柄长3.5mm。花期4—5月，果期6—7月。

生于山坡、林下或岩石缝隙。

全草入药，具清热解毒、消炎利尿等功效。

天南星科 Araceae

疏毛磨芋

拉丁学名：*Amorphophallus sinensis* Belval

科名：天南星科（Araceae）　　属名：磨芋属

多年生草本植物，块茎扁球形，直径3～20cm。鳞叶2枚，卵形或披针状卵形，有青紫色、淡红色斑块。叶柄粗壮，长可达1.5m，绿色，具白色斑块；叶片掌状3裂，小裂片卵状长圆形或卵形。佛焰花序，花序柄长25～45cm，绿色，具白色斑块。佛焰苞长15～20cm，管部席卷，长6～8cm，宽1～2cm。肉穗花序圆柱形，长10～22cm；雄花序深青紫色，散生紫色硬毛。浆果红色或浅蓝色，成熟时变深蓝色。花期5月，果期6—7月。

生于密林、山坡等。

全株有毒。块茎可药用，具消肿散结和解毒止痛的功效。

普陀南星

拉丁学名：*Arisaema ringens* (Thunb.) Schott

科名：天南星科（Araceae）　　属名：天南星属

多年生草本植物，块茎扁球形。鳞片膜质。叶1～2片，叶柄长15～30cm，直径7～8mm，下部具鞘；叶片3全裂，无柄或短柄，中裂片宽椭圆形，长15～25cm；侧裂片偏斜，长圆形或椭圆形，长10～18cm，先端渐尖。佛焰花序，花序柄短于叶柄；佛焰苞管部绿色，宽倒圆锥形，喉部具宽耳，耳内面深紫，外卷。肉穗花序单性，雄花序无柄，圆柱形，雄花螺旋状排列；雌花序近球形，约1.5cm。果穗幼时绿色，成熟时红色。花期4—5月，果期6—10月。

生于林下、路边。

普陀南星叶片硕大，花果俱美，有一定的观赏价值。

卫矛科 Celastraceae

冬青卫矛

拉丁学名：*Euonymus japonicus* Thunb.

科名：卫矛科（Celastraceae）　　属名：卫矛属

常绿灌木或小乔木，高1～6m。小枝绿色，具四棱。叶革质，有光泽，倒卵状椭圆形或椭圆形，长3～5cm，宽2～3cm，边缘具有浅细钝齿；叶柄长0.5～1.5cm。聚伞花序，一回到二回二歧分枝，每枝有小花5～12朵；花白绿色，直径5～7mm；花瓣近椭圆形；花丝长2～4mm；子房每室2颗胚珠，着生中轴顶部。蒴果近球状，成熟时淡红色；种子卵形，假种皮橙红色。花期6—7月，果期9—10月。

分布于山坡、灌丛，海岛偶见栽培。

冬青卫矛四季深绿，挂果期较长，可用作绿篱或庭院栽培。

乌毛蕨科 Blechnaceae

珠芽狗脊

拉丁学名：*Woodwardia prolifera* Hook. et Arn.

科名：乌毛蕨科（Blechnaceae）　属名：狗脊属

植株高可达2m。根状茎横卧，粗短，黑褐色；鳞片狭披针形或线状披针形。叶近簇生；叶柄长20～50cm，基部密被鳞片，后逐渐脱落；叶片长卵形，卵状长圆形或椭圆形，长35～120cm，宽25～40cm，二回深羽裂；羽片10～12对，对生或上部的互生；叶革质，无毛，羽片上面通常有珠芽。孢子囊群粗短，近新月形；囊群盖长肾形，薄纸质或革质。

生于水沟边或海岛阴湿处。

珠芽狗脊新叶红褐色，叶片上常有珠芽，具有一定的观赏价值。

五加科 Araliaceae

菱叶常春藤

拉丁学名：*Hedera rhombea* (Miq.) Bean

科名：五加科（Araliaceae）　属名：常春藤属

常绿攀援藤本，枝有气生根。叶片革质，不育枝上的叶片3～5裂；可育枝上的叶片菱状卵形或阔楔形，全缘，上面绿色，下面浅绿，叶长4～7cm，宽2～5cm。叶柄圆筒形，长1～5cm，几无毛。花序伞形，总花梗密生星状毛；萼片5裂，裂片三角状；花瓣5枚，黄绿色，卵状三角形，具星状毛；雄蕊5枚。果实黑色，球形。花期6—8月，果期10—11月。

生于林下、崖壁或山坡。

菱叶常春藤四季常绿，可用于棚架绿化或用作地被。

楤　木

拉丁学名：*Aralia chinensis* L.

科名：五加科（Araliaceae）　属名：楤木属

落叶灌木或乔木，高2～8m。树皮灰色，疏生直刺；茎直立，小枝通常淡灰棕色，被黄棕色绒毛，疏生细刺。叶为二或三回，长60～110cm；羽片有小叶5～11枚，稀13枚，基部有小叶1对；小叶片卵形、阔卵形或宽卵椭圆形，长3～12cm，宽2～8cm，先端渐尖或短渐尖，上面疏生糙毛，下面生短柔毛，边缘具锯齿。圆锥花序，由伞形花序组成，长30～60cm；伞形花序直径1～1.5cm，花多数；花白色，具芳香；花萼无毛；花瓣5枚，卵状三角形。果实球形，黑色。花期7—9月，果期9—12月。

生于林缘或疏林。

根可入药，有清热解毒、镇痛消炎、利水消肿和祛湿活血之效。

鹅掌柴

拉丁学名：*Schefflera octophylla* (Lour.) Harms

科名：五加科（Araliaceae）　属名：鹅掌柴属

乔木或灌木，高2～15m。小枝粗壮，幼时密被星状短柔毛，后脱落。掌状复叶，小叶6～9枚，稀11枚；叶柄长15～30cm，疏生短柔毛或无毛；小叶片纸质至革质，椭圆形、长圆状椭圆形或倒卵状椭圆形，长9～17cm，宽3～5cm，幼时密生星状短柔毛，后渐脱落，边缘全缘。圆锥花序，顶生，长20～30cm；花白色；花瓣5～6枚，开花时反曲，无毛。果实球形，黑色。花期11—12月，果期12月。

生于林下或林缘。

鹅掌柴叶片掌状，硕大，具较好的观赏价值。

仙人掌科 Cactaceae

单刺仙人掌

拉丁学名：*Opuntia monacantha* (Willd.) Haw.

科名：仙人掌科（Cactaceae） 属名：仙人掌属

灌木或小乔木状肉质植物，高可达10m。主干圆柱状，近木质化，直径可达15cm。上部分枝多数，倒卵形、倒卵状长圆形或倒披针形，长10～40cm，宽7～14cm，先端圆形，边缘全缘或略呈波状，鲜绿而有光泽，无毛，疏生小刺窝；小刺窝圆形，具短绵毛、倒刺刚毛和刺；刺针状，单生或2～3根聚生，直立，长1～5cm。花辐状，黄色，直径5～7.5cm；花托倒卵形，长3～4cm。浆果梨形或倒卵球形，顶端凹陷，基部缩成柄状，通常无刺。种子多数，肾状椭圆形。花期4—8月，果期9—10月。

生于向阳山坡或疏林下，岛上偶见栽培。

浆果可食。单刺仙人掌具利刺，可用作绿篱。

缩刺仙人掌

拉丁学名：*Opuntia stricta* (Haw.) Haw.

科名：仙人掌科（Cactaceae）　属名：仙人掌属

灌木或小乔木状肉质植物。主干粗壮，近木质化，圆柱状。分枝多数，狭椭圆形、狭倒卵形或倒圹形，长10～25cm，宽7～13cm，先端圆形，色泽鲜绿，无毛，疏生小刺窝；小刺窝圆形，具短绵毛，刺不发育或单生于分枝边缘的小刺窝。花托倒卵形，长3～4cm。浆果梨形或倒卵球形，无针刺，成熟时红紫色。种子多数，肾状椭圆形。花期4—8月，果期9—10月。

生于向阳山坡或疏林下。

缩刺仙人掌有清热解毒、安神利尿的功效；具有一定的观赏性，可用于盆栽或用作绿篱。

香蒲科 Typhaceae

水 烛

拉丁学名：*Typha angustifolia* L.

科名：香蒲科（Typhaceae）　属名：香蒲属

多年生草本，水生或沼生，高1～2.5m。根状茎发达，乳黄色或灰黄色。地上茎直立，粗壮。叶线形，长35～120cm，宽4～9mm，先端急尖，基部形成抱茎的鞘。花序穗状，长30～60cm，雌雄花序相隔2～10cm；雄花序长20～30cm，雌花序长6～24cm；孕性雌花柱头窄条形或披针形，花柱长1～1.5mm，子房纺锤形，具褐色斑点；不孕雌花子房倒圆锥形，长1～1.2mm，具褐色斑点。小坚果长椭圆形，长1～1.5mm。种子深褐色。花期6—7月，果期8—10月。

生于海岛浅水或池塘。

水烛适应性强，花序奇特可爱，可用于水景。

旋花科 Convolvulaceae

肾叶打碗花

拉丁学名：*Calystegia soldanella* (L.) R. Br.

科名：旋花科（Convolvulaceae）　　属名：打碗花属

多年生草本。茎细长，平卧生长，有细棱或具狭翅。单叶互生，叶片肾形，长0.9～4cm，宽1～5.5cm，先端圆或凹，全缘或浅波状；叶柄长于叶片。花单生于叶腋，花梗通常较长，长2.5～5cm，具细棱；苞片宽卵形，长0.8～1.5cm，顶端圆或微凹，宿存；萼片5，长1.2～1.6cm；花冠钟状漏斗形，粉红色，偶见白色，长4～5.5cm。蒴果卵球形。种子黑褐色，无毛。花期5—6月，果期6—8月。

生于海滩草丛或岩石缝隙。

肾叶打碗花环境适应性强，枝叶茂盛，花朵硕大，具较好的观赏价值，可用于盆栽或攀援绿化。

心萼薯

拉丁学名：*Aniseia biflora* (L.) Choisy

科名：旋花科（Convolvulaceae）　　属名：心萼薯属

攀援或缠绕草本；茎细长，直径1.5～4mm，具细棱。单叶互生，纸质，叶片心形或心状三角形，长3～9cm，宽2～5cm，顶端渐尖，基部心形，两面被长硬毛；叶柄长1.5～8cm，被长硬毛。花序腋生，通常着生2朵花，有时1或3朵；苞片小，线状披针形，疏生长硬毛；萼片5枚，外萼片三角状披针形，基部耳形，外面被灰白色疏长硬毛；花冠白色，狭钟状，长1～1.5cm；雄蕊5枚，长约3mm，花药卵状三角形。蒴果近球形，直径8～10mm。种子4枚，卵状三棱形。花果期8—11月。

生于路旁、林缘、山坡或荒地。

心萼薯是一种田间杂草；具有一定的观赏性，可用于攀援绿化。

杨梅科 Myricaceae

蜡杨梅

拉丁学名：*Myrica cerifera* L.

科名：杨梅科（Myricaceae）　属名：杨梅属

常绿灌木或小乔木，高 2～3m。小枝红棕色，幼时密被黄色腺体，无毛或密被柔毛，后逐渐脱落。单叶互生，革质，具蜡质，叶片线状倒披针形至倒卵形，叶长2～10cm，宽0.4～3.3cm，基部楔形，全缘或具粗锯齿，先端锐尖到稍圆形；背面浅黄绿色，无毛，正面深绿色，无毛或具柔毛，两面密被腺体。雄蕊长0.4～1.9cm，雌蕊长0.3～1.5cm。果实球状椭圆形，幼时无毛或疏生腺体。

生于路旁、山坡和疏林。

叶片有香味，可用于提取香料。

罂粟科 Papaveraceae

滨海黄堇

拉丁学名：*Corydalis heterocarpa* Sieb. et Zucc. var. *japonica* (Franch.et Sav.) Ohwi

科名：罂粟科（Papaveraceae）　属名：紫堇属

多年生草本，高40～60cm。茎粗壮，直径6～8mm。茎生叶具长柄，叶片卵圆状三角形，长10～20cm，宽7～8cm，二回羽状全裂。总状花序，顶生，长5～10cm。苞片披针形，长约7mm。花黄色，背部带淡棕色；外花瓣顶端圆钝，具短尖；上花瓣长约2cm；距约占花瓣全长的1/3，末端圆钝，稍下弯；下花瓣长约1.2cm；内花瓣长约1.1cm。蒴果长圆形，呈不规则弯曲，种子2例。种子表面具刺状突起，具帽状的种阜。

生于山坡、路边或石缝。

滨海黄堇具有较好的抗逆能力，植株长势强健，具有一定的观赏价值，可用于盆栽或片植。

榆科 Ulmaceae

朴　树

拉丁学名：*Celtis sinensis* Pers.

科名：榆科（Ulmaceae）　　属名：朴属

落叶乔木，高可达20m。树皮灰白色或灰色。当年生枝条密被短柔毛，后脱落。单叶互生，叶片厚纸质至近革质，卵形或卵状椭圆形，长5～10cm，宽3～5cm，顶端渐尖；幼时两面均被黄褐色短柔毛，后逐渐脱落。花生于当年生新枝，雄花排列成聚伞花序，雌花腋生于当年生枝条的上部。核果近球形，成熟时近橙黄色或红褐色。花期3—4月，果期9—10月。

生于路旁、林缘和山坡。

朴树抗逆性强，树形优美，可观果观叶，具有较好的观赏价值，在园林中已得到广泛应用。

鸢尾科 Iridaceae

射　干

拉丁学名：*Belamcanda chinensis* (L.) Redouté

科名：鸢尾科（Iridaceae）　属名：射干属

多年生草本，高1～1.5m。具根状茎，块状，黄色或黄褐色。茎直立，通常不分枝。叶互生，剑形，嵌迭状排列，长20～60cm，宽1～4cm，基部鞘状抱茎。二歧状伞房花序，顶生，顶端聚生有数朵花；花梗细，长约1.5cm；花橙红色，偶见黄色，散生紫褐色或暗红色的斑点，直径4～5cm。蒴果倒卵形或长椭圆形，常宿存凋萎的花被；种子圆球形，黑色，有光泽。花期6—8月，果期7—9月。

生于林缘、草地或山坡。

根状茎可药用，具清热解毒、消肿止痛、散结消炎和止咳化痰等功效。射干具一定的观赏价值，可盆栽或布置花境。

芸香科 Rutaceae

飞龙掌血

拉丁学名：*Toddalia asiatica* (L.) Lam.

科名：芸香科（Rutaceae）　　属名：飞龙掌血属

常绿木质藤本，长可达10m。枝上着生下弯的皮刺，老枝褐色，有皮孔；幼枝浅绿色，顶部被锈色短柔毛。掌状三出复叶，互生，小叶无柄，密生的透明油点，卵形、倒卵形、椭圆形或倒卵状椭圆形。长3～8cm，宽1.5～3cm，叶缘有细裂齿。花梗短，花白色至黄色；萼片边缘被短毛；花瓣长2～3.5mm；雄花序为伞房状圆锥花序；雌花序为聚伞状圆锥花序。果成熟时橙红或朱红色；种子褐黑色，肾形。花期10—12月，果期12月至翌年2月。

生于灌丛、疏林或山坡。

全株药用，具活血散瘀、祛风除湿和消肿止痛等功效。飞龙掌血四季常绿，果实小巧，可用于棚架栽植。

椿叶花椒

拉丁学名：*Zanthoxylum ailanthoides* Sieb. et Zucc.

科名：芸香科（Rutaceae）　　属名：花椒属

落叶乔木，高可达15m。茎干具大型皮刺。幼枝粗壮，髓部常空心，花序轴及小枝顶部常散生短直刺，无毛。叶互生，奇数羽状复叶，长25～60cm，小叶通常9～27片；小叶对生，狭长披针形、椭圆形或椭圆状长卵形，叶缘有裂齿，油点肉眼可见。伞房状圆锥花序，顶生，花多数；花瓣5枚，淡绿色或白色。蓇葖果红色，先端有喙。种子棕黑色，有光泽。花期8—9月，果期10—12月。

生于山坡、疏林或荒地。

根皮和树皮可药用，具祛湿、通经、活血和散瘀的功效。

两面针

拉丁学名：*Zanthoxylum nitidum* (Roxb.) DC.

科名：芸香科（Rutaceae）　　属名：花椒属

常绿木质藤本。茎、枝和叶轴均有皮刺。奇数羽状复叶，互生，长7～15cm，宽5～9cm；小叶对生，革质，阔卵形或卵状长圆形，长3～12cm，宽2.5～6cm，先端有凹口，凹口具油点，边缘有疏浅裂齿。花序腋生，花4基数；萼片上部紫绿色；花瓣淡黄绿色，卵状椭圆形或长圆形。蓇葖果成熟时紫红色，有粗大腺点；种子圆珠状，亮黑色。花期3—5月，果期9—10月。

生于疏林、灌丛和草坡等。

根、茎、叶、果皮可入药。具活血散瘀、镇痛消肿等功效。

青花椒

拉丁学名：*Zanthoxylum schinifolium* Sieb. et Zucc.

科名：芸香科（Rutaceae）　　属名：花椒属

灌木，高1～3m。茎枝有皮刺，嫩枝暗红色。羽状复叶，有小叶11～21片；叶片纸质，几无柄，位于叶轴基部的常互生，其小叶柄长1～3mm，卵形至椭圆状披针形，长5～10mm，宽4～6mm，两侧对称，油点多或不明显，叶缘具细裂齿或近全缘。伞房状圆锥花序，顶生；萼片及花瓣均5枚；花瓣淡黄绿色，长约2mm。蓇葖果红褐色或紫红色，先端有喙。花期7—9月，果期9—12月。

生于林缘、疏林或灌木林。

根、叶和果可入药，有散寒止咳、除胀消食等功效。

日本花椒

拉丁学名：*Zanthoxylum piperitum* (L.) DC.

科名：芸香科（Rutaceae）　　属名：花椒属

落叶灌木，高2.5～4.5m。茎具扁平的托叶刺，长0.8～1.3cm，成对分布。叶互生，一回羽状复叶，长7.5～15cm，小叶11～23枚，长2～4cm，宽0.6～1.2cm，无柄，宽披针形或卵形；先端微凹，基部楔形至圆钝，边缘具钝齿，稍内曲，齿端具油点。花序顶生；花黄绿色。果实红色，内含黑色种子。花期5—7月，果期8—10月。

生于林缘、灌丛或山坡。

日本花椒枝繁叶茂，香味浓郁，可用于盆栽或庭院栽植。

樟科 Lauraceae

红　楠

拉丁学名：*Machilus thunbergii* Sieb. et Zucc.

科名：樟科（Lauraceae）　　属名：润楠属

常绿乔木，高10～15m。树干粗壮，树皮黄褐色。小枝绿色，一年生小枝无皮孔；老枝粗糙，具纵裂和皮孔。顶芽卵形或长圆状卵形，鳞片棕色革质，宽圆形。单叶互生，倒卵形至倒卵状披针形，长4.5～10cm，宽1.5～4cm，叶片革质，上面有光泽，下面粉白。聚伞状圆锥花序，腋生，无毛；花多数，总梗紫红色，下部分枝常有花3朵。果扁球形，幼时绿色，后变黑紫色；果柄和果序轴鲜红色。花期2—3月，果期7—8月。

生于密林或林缘。

树皮入药，有舒筋活络的功效。红楠四季常绿，果梗和果柄鲜红色，具有一定的观赏价值，可用于园林绿化和庭院栽培。

舟山新木姜子

拉丁学名：*Neolitsea sericea* (Bl.) Koidz.

科名：樟科（Lauraceae）　　属名：新木姜子属

小乔木，高8～10m。树皮灰白、灰或深灰，平滑不开裂。小枝灰绿色，被锈毛，老枝紫褐色，无毛。顶芽圆卵形，鳞片外密被锈色柔毛。单叶互生或聚集于枝顶，叶片革质，披针形、椭圆形或披针状椭圆形，长6～15cm，宽3～4cm，两端渐狭，幼叶两面密被锈色绢毛，老叶绢毛脱落，离基三出脉；叶柄长2～3cm，幼时被短柔毛，后脱落。伞形花序，腋生或侧生；花序有花5朵，花黄绿色。果椭球形或球形，成熟时紫黑色。花期3—4月，果期10—11月。

生于山坡、密林或疏林。

舟山新木姜子树姿优美，叶具反光，可用于园林绿化。

普陀樟

拉丁学名：*Cinnamomum japonicum* Sieb. var. *chenii* (Nakai) G. F. Tao

科名：樟科（Lauraceae）　属名：樟属

常绿乔木，高10～15m。树皮黄灰色，平滑不开裂。小枝绿色，幼枝具棱。单叶，对生或近对生，卵形至长卵形，长7～12cm，宽2～4cm，先端急尖至渐尖；叶片革质，上面绿色，有光泽，下面灰绿，两面无毛，离基三出脉。圆锥花序，腋生，花梗无毛，具花5～14朵。果长圆形，有光泽，成熟时蓝黑色；果托浅杯状；种子长圆形。花期5—6月，果期10—11月。

生于路旁、林缘或疏林。

普陀樟植株高大，四季常绿，果形优美，具有较好的观赏价值。

紫草科 Boraginaceae

厚壳树

拉丁学名：*Ehretia thyrsiflora* (Sieb. et Zucc.) Nakai

科名：紫草科（Boraginaceae）　　属名：厚壳树属

落叶乔木，高达15m。树皮灰黑色，纵裂。小枝具短糙毛或无，具皮孔。单叶互生，叶片纸质，椭圆形、倒卵形或长圆状倒卵形，长5～20cm，宽4～10cm，边缘有整齐的锯齿，无毛或被稀疏柔毛。聚伞花序圆锥状，长8～15cm，宽5～8cm；花小，密集，具芳香；花冠钟状，白色；雄蕊伸出花冠外，花药卵形。核果黄色或橘黄色；核具皱褶。花期5—6月，果期7—8月。

生于山坡、灌丛或路旁。

叶、心材、树枝可入药，具清热、止痛、收敛和止泻等功效。

附录 I

中文名索引

H

J

L

M

X

Y

Z

附录II

拉丁文索引

C

D

I

J

K

L

M

N

O

P

R

S

T

附录Ⅲ

海岛风光

附录Ⅳ

海岛采样

WO MAN WEI SI